U0383300

红　碳

[法] 洛朗·法比尤斯　著

马若瑶　邓巧玉　王　素　冯　玉　译

南开大学出版社

天　津

红碳

ⓒ Editions de l'Observatoire/Humensis，*Rouge Carbone*，2020
by Laurent FABIUS
All rights reserved.

本书中文简体字版由 Editions de l'Observatoire/Humensis 授权南开大学出版社
出版，未经出版社书面许可，不得以任何方式复制或抄袭本书的任何部分。
版权所有，翻印必究。
天津市版权局著作权合同登记号：图字 02—2021—071 号

图书在版编目(CIP)数据

红碳／（法）洛朗·法比尤斯著；马若瑶等译. —
天津：南开大学出版社，2021.6
ISBN 978-7-310-06116-7

Ⅰ.①红… Ⅱ.①洛… ②马… Ⅲ.①全球气候变暖
－研究 Ⅳ.①P461

中国版本图书馆 CIP 数据核字(2021)第 098959 号

版权所有　侵权必究

红碳
HONG TAN

南开大学出版社出版发行
出版人：陈　敬
地址：天津市南开区卫津路 94 号　　邮政编码：300071
营销部电话：(022)23508339　营销部传真：(022)23508542
http://www.nkup.com.cn

北京雅昌艺术印刷有限公司印刷　全国各地新华书店经销
2021 年 6 月第 1 版　　2021 年 6 月第 1 次印刷
230×155 毫米　16 开本　10 印张　2 插页　80 千字
定价：80.00 元

如遇图书印装质量问题，请与本社营销部联系调换，电话：(022)23508339

Laurent Fabius

Rouge carbone

Éditions de L'Observatoire

序　言

　　洛朗·法比尤斯先生现任法国宪法委员会主席，是一位杰出的政治家。他曾任法国总理、财政部部长、外交部部长，并两次担任国民议会议长。2015年，他当选第 21 届联合国气候变化大会主席，并促成了《巴黎协定》的签署。

　　法比尤斯先生是中法友好的积极推动者，对中法高层交往、经贸合作以及人文交流等诸多领域都做出了卓越贡献。自 2009 年以来，他曾六次到访南开大学，推动南开与法国高校间的交流合作。2014 年 2 月，他受聘南开大学国际关系与全球治理首席教授。2016 年 3 月，他获授南开大学名誉博士学位。2019 年 10 月，他出席南开大学建校 100 周年纪念大会并致辞。在他的支持推动下，近年来南开从人才培养、科学研究、社会服务、文化传承出发，一项项深化中法友谊的新项目不断开展。

　　在南开大学名誉博士学位授予仪式上，他曾以《第21 届联合国世界气候变化大会：巴黎精神永续》为题发表演讲。在演讲中他提出，全球变暖使全人类在与时间赛跑，我们这一代人是完全意识到威胁的第一代，也是能够采取有效行动予以反击的最后一代。他表示，在这个人类命运生死攸关的转型阶段，2015 年《巴黎协定》是我们迈出的重要一步，因为它确立了一套立志高远、为全世界接受的原则。令南开师生印象尤为深刻的是，法比尤斯先生现场还收到了南开大学终身教授、中国当代著名书画家范曾先生赠送的一幅肖像画。画中，他目光坚定，手持墨锤，一锤定音，宣布《巴黎协定》一致通过。

我国古人向来尊重自然，形成了"敬天畏天""天人合一"的哲学思想，提倡生产和生活应顺应天时，尊自然节律而行。2020 年 9 月 22 日，中国国家主席习近平在第 75 届联合国大会一般性辩论上表示，"中国将提高国家自主贡献力度，采取更加有力的政策和措施，二氧化碳排放力争于 2030 年前达到峰值，努力争取 2060 年前实现碳中和。"在全球处于新冠疫情持续蔓延、气候危机、生态退化、经济下行、多边主义受阻的艰难时刻，中国坚持"绿色复苏"与近零排放，有助于增强世界各国，尤其是发展中国家应对气候变化的决心与勇气，为国际气候治理与绿色发展议程注入新的政治动力，也向全社会释放了明确的绿色、零碳经济转型的长期政策信号。

本书主要针对气候变暖问题进行分析，从欧洲的视角对日益严峻的气候变暖问题进行探讨，强调了中国在应对气候变化问题中的重要地位以及气候变化大背景下中欧合作的新机遇。生态文明、绿色低碳是"世界潮流，浩浩荡荡"，也是历史的必然。应对气候变化战略的坚定实施，不但有益于当代人生存环境的改善，最终也将惠及全人类。

本书的出版，得到了法国学者、中欧论坛创始人高大伟（David Gosset）教授的大力支持和帮助，在此一并表示感谢。

曹雪涛

二〇二一年五月三十日于南开大学

中文版序言

《红碳》一书的中文译本能有机会和中国读者见面，对此我感到十分荣幸也非常开心。我也希望借此机会，向中国在应对气候变化上已经、正在和即将发挥的决定性作用致以敬意。

我时常被问及 2015 年《巴黎协定》能够成功签署的原因，这是关于应对全球变暖问题首份获得全球公认的文件。在回答时我总是强调，当时倘若没有中国的积极支持，这份意味着卓越进步的协定就绝不可能成功缔结。2014 年，中国国家主席习近平和时任美国总统奥巴马联合宣布双方愿在巴黎达成协议。彼时，欧洲也在朝着同样的方向努力，特别是当时正负责筹备和主持第 21 届联合国气候变化大会的法国。这样的一次强强联手向世界其他地区释放出强有力的信号。我永远不会忘记历经漫长而艰难的谈判后，在 2015 年 12 月 12 日我宣布《巴黎协定》最终通过的那一刻，中国首席谈判代表解振华先生竖起的大拇指和脸上洋溢的笑容。是的，能够取得这一全球历史性的成功，中国功不可没。

如今大会过去已5年有余，科学家们在气候变化问题上达成了一致：形势严峻，情况紧急。全球范围内风暴、洪水、干旱、火灾等自然灾害频发，给人身、经济、社会和环境带来了巨大的伤害与破坏，尤其对于最弱势的群体冲击更甚。过去的5年里，协定在某些国家的落实情况令人倍感失望。美国在特朗普总统的领导下宣布退出《巴黎协定》，这引发了危及多边主义的挑战，也打破了各方围绕《巴黎协定》所达成的共识。还有一些被联合国秘书长称为"梦游者"的国家甚至对这种情况加以利用，逃避责任，自食其言。

好在世界还是释放出了积极信号。美国新任总统乔·拜登已承诺让美国重新加入《巴黎协定》。他同时表示美国将采取行动，坚决反对使用化石燃料、大力支持清洁能源，并着力发展绿色新政，力争在2050年前实现碳中和。其实早在美国大选开始之前，一场声势浩大的运动已然兴起，其中习近平主席做出了重要贡献。在2020年9月举行的联合国大会上习近平主席承诺，作为世界上最大的温室气体排放国，中国将在2030年前达到排放峰值，于2060年前实现碳中和。在欧洲，由欧盟委员会主席乌尔苏拉·冯·德莱恩主导的《欧洲绿色协定》得到了欧洲各国国家元首和政府首脑的支持，这个项目雄心勃勃、横跨多领域，内容包括成员国须承诺在2050年实现有效的碳中和。至此，所有以实现碳中和为最终目标的国家共占据了全球生产总值的三分之二和全球温室气体排放量的一半以上。

2021年有望成为决定性的一年，召开关于环境问题的重要外交会议已在计划当中。《生物多样性公约》第15次缔约方大会将由中国主办，第26届联合国气候变化大会将在苏格兰格拉斯哥举行，两场大会相辅相成，协力解决基本问题。为了面对气候变化做出协调一致的反应，我们必须加快行动，共同将《巴黎协定》落到实处。无论中欧之间存在任何分歧，都必须在这个问题上团结一致，也理应将美国纳入其中。为此，一系列重要变革势在必行，尤其是减少煤炭使用，大规模发展可再生能源，重点关注创新领域，并始终心系"公正过渡"。

新冠肺炎这场全球公共卫生危机让我们意识到国际合作不可或缺的重要性，特别是在拯救生命方面。气候变化的影响虽然不似疫情那么直接，但它对生命的影响之重其实与病毒不相上下，甚至可能更加深远。因此，人们必须严阵以待，切不可掉以轻心。已有不计其数的人们受到了空气污染、洪水、干旱和飓风的影响。为了采取更具宏图远志的行动，我们需要在尊重文化多样性，充分考虑不同的发展水平的基础上，建立一个富有韧性的可持续发展社会。疫情后各国采取的重振计划不仅是振兴经济的重要机会，也应是采取一致行动应对全球变暖的契机。我们需要的是绿色的，而不是褐色的重振计划。这也正是我在《红碳》一书中所谈及的内容。

在 2015 年巴黎第 21 届联合国气候变化大会开幕当天，习近平主席的发言仍令我记忆犹新。他引用了法国著名作家维克多·雨果在其小说《悲惨世界》中的一句话："最大的决心会产生最高的智慧。"本着这种精神，中国、欧盟、法国、美国和世界各国都应当致力于更好地保护环境、珍视健康，采取切实措施应对气候变化。为建设一个宜居的世界，打造一个和谐的未来，我们必须重新找回"《巴黎协定》精神"，而中国对此贡献良多。

洛朗·法比尤斯
第 21 届联合国气候变化大会主席

可能与不可能，一字之差却是两种精神面貌。

——夏尔·戴高乐

序

　　本书以全球变暖为主题，原计划于 2020 年上半年出版。全稿完结后，编辑尽职尽责，做了详细安排。可是，新冠疫情暴发了。这场被联合国列为"自 1945 年来最严重的危机"以及被世界卫生组织冠以"人类公敌"之名的新型冠状病毒大流行打破了人们平静的生活。

　　新冠危机的暴发给我们带来了冲击，这场危机是否会让气候变暖变得不再重要？果不其然，各国形形色色的气候变化怀疑论者和否定论者都纷纷表示赞同。新冠病毒从 2020 年 3 月中旬开始在欧洲大陆肆虐。这时，作为气候变化怀疑论者和煤炭的忠实拥护者的捷克共和国总理安德烈·巴比斯（Andrej Babis）吹响了冲锋号，他表示："欧洲需要暂且搁置《欧洲绿色协议》，集中精力对抗新冠疫情。"而唐纳德·特朗普（Donald Trump）则决定在 3 月 30 日这天，彻底废除由前任总统贝拉克·奥巴马（Barack Obama）颁布的汽车温室气体排放标准。

　　毋庸置疑，在这些英明的领导人看来，一心二用并不可取。健康危机确实令人担忧，或者就他们看来，这场危机所带来的经济问题才须最先得到解决，但最重要的便是不用再为气候问题操心了。对他们来说，新冠疫情来得"恰到好处"。这样，他们便可以抗击新冠为正当理由与借口，不再为应对气候变暖做出任何努力。

我们一直都有一句听起来合情合理的口号，那便是"健康第一"。但我认为这句口号被曲解了。诚然，作为人类文明的一大进步，人类健康至关重要。但随后我们看到的却是越来越多杰出的"梦游者"朝着失控的方向越走越远。首先，他们认为所有为应对气候变化采取的有效举措都会阻碍抗击新冠疫情的步伐——毫无道理！其次，他们认为既然2020年二氧化碳排放量有所减少，虽然这只是因为全球经济活动受到重创而略微减少，人们便无须站在应对气候变暖第一线——大错特错！最后，新冠疫情的到来让我们看到，温室气体排放量的减少必将以经济失血为代价——荒谬！他们这些漏洞百出的观点从何而来？便是从"必将气候问题抛诸脑后"这种想法而来。论证完毕。

我毫不认同这种简单的做法，因为这非常危险。在结语中我将再次谈到，这场健康斗争，不但不会降低气候问题的重要性，反而加强了其必要性和紧迫性。这场斗争至关重要,对人类来说,这或许是一场"生死存亡"的斗争。

2016年2月,在《巴黎协定》于第21届联合国气候变化大会(COP21)①上成功签订几周之后,时任联合国秘书长潘基文先生给我来信道:"《巴黎协定》的签订,是我们在共同应对气候变化挑战过程中的重要转折点。"无论是我在本书中谈及气候变化,还是我们在其他情境中提到气候变化这一话题,《巴黎协定》作为第一个就气候问题达成的全球性协定,在当下和未来都将是我们的主要参考文件。

固然,国际上还有其他围绕环境问题签订的公约,2015年12月12日通过的《巴黎协定》也并不是所有问题的解决之道,更不用说有诸多签署国并没有遵守他们当初的承诺了。然而,《巴黎协定》的地位以及它涵盖范围之广便决定了它如今在气候领域,或者更大点说,在环境领域的参考性地位。

---

① "COP21"是"缔约方大会"的缩写。每年的缔约方会议由联合国根据1992年签署的《联合国气候变化框架公约》举办。时任第21届联合国气候变化大会(又称《联合国气候变化框架公约》第21次缔约方大会)秘书处执行秘书是哥斯达黎加籍的克里斯蒂娜·菲格雷斯(Christiana Figueres),上一届执行秘书为墨西哥籍的帕特里夏·埃斯皮诺萨(Patricia Espinosa)。

在接下来的内容中，我将详细介绍《巴黎协定》诞生的过程①。经过我的团队的详尽准备之后，在杰出的法方特别代表劳伦斯·图比亚娜（Laurence Tubiana）及亚历山大·齐格勒（Alexandre Ziegler）的领导下，我有幸主持了该协定的签署工作。为更好地理解协定的意义，我将以几篇主题文章的形式详细展开。这些文章涉及一些我一直以来最为关心的话题，汇集了近年来我针对气候和环境问题写成的文章以及发表的公开演说。

鉴于《巴黎协定》签署已近5年，协定中的大部分措施按理说应该已经得到有效落实，在此背景下，我想通过这本书名略带挑衅意味的《红碳》，从我个人在应对气候问题方面的经历出发，分析我们目前的进展、我们还能做些什么，以及还有哪些问题亟待解决。我的个人经历颇为特殊，这些年中我在政治、外交、经济和财政领域开展过工作，并且目前还在司法领域任职。

当然，我也将从全人类的角度出发做进一步分析。在应对气候变暖过程中，最引人注目的，莫过于上一届于2019年底在马德里举行的第25届联合国气候变化大会（COP25），与4年前在巴黎举行的第21届联合国气

---

① 在我的另一著作《奥赛码头37号》（*37, quai d'Orsay*）中有所提及。

候变化大会（COP21）之间的气氛差异了。这种差异并不是由大会组织层面造成的，因为西班牙人民能够在巴西和智利相继放弃承办第 25 届联合国气候变化大会之后扛起大旗，在短短一个月的时间内组织这样一场参与人数约为 25000 人、通常需要一年时间筹备的国际会议，实在是一次莫大的成功。真正的差异在别处。无论是在马德里的会议上，还是在其他的国际气候会议上，我们都能明显地感受到这种差异的存在。比如，在偌大的会场外可以看见众多写着"是时候行动了！"的标语牌。但倘若我们深入内部，透过现象看本质，去细数《巴黎协定》签署国采取过的气候行动，去了解谈话的进展，那恐怕要将标语换成"是时候感到失望了"。

另外，我们观察到，忧患意识与紧迫感已经开始在第 25 届联合国气候变化大会的谈判桌之外萌生，甚至连普通民众都开始抱有这种情绪，而一些国家领导人面对气候变化却无动于衷，这两者之间形成了巨大反差。结果，最亟待解决的问题被搁置到第 26 届联合国气候变化大会（COP26），而这次大会已无奈被推迟至 2021 年 11 月。真可谓蜗行牛步。

"《巴黎协定》精神"究竟何去何从？为何行动与现状之间存在脱节？我们该如何行动？我将在本书中给出

答案。

跟我们经常听到的说法不同的是，气候变化的最大受害者其实并不是地球。因为即使全球变暖将一直持续下去，我们的地球也会一直存在于茫茫宇宙中，即使它被我们虐待、分割、划伤、劫掠、消耗殆尽。

事实上，首当其冲的将会是人类的地位及其生存条件。对于世界上那些不计其数的困难地区以及数以亿计的困难民众更是如此。请别忘记，在地球历史长河99%的时光中都寻觅不到人类的任何踪迹。

在《忧郁的热带》一书中，著名的人类学家克劳德·列维-斯特劳斯（Claude Lévis-Strauss）写道："这个世界开始的时候，人类并不存在，这个世界结束的时候，人类也不会存在。"即使我对现状也倍感担忧，但我却无法对这般无可救药的悲观主义表示认同。即使气候问题很严重，极其严重，未来也应靠我们的行动来塑造。

如今，面对由人类自身造成的气候变暖问题，我们需要为何忧虑，又需抱有何种期望？"气候变化否定主义"是荒谬的，因为我们不能背离科学！但如何才能避免地球被笼罩在"红碳"之中？这绝不仅仅是一生之战，而是为生命而战。

我们面临的气候挑战如此重大、如此紧迫又如此关键，需要地方系于世界、个人系于公共、个体和企业系于政府、小行为系于大决策、社会经济系于环境、立刻行动并且持之以恒，而这才是最为复杂的挑战。所有参与者、各部门、每一代人都应行动起来，尽其所能迎接挑战。每一项举措、每时每刻都十分重要。以保护地球生命为己任，这是全世界人民必须共同打响的第一战。

　　显然还为时不晚。

洛朗·法比尤斯

2020 年 7 月，巴黎

目　录

1

从温室效应到烤箱效应

大自然呼喊着，人类却置若罔闻。多么可悲！

——维克多·雨果

一切始于温室效应。

地表吸收了三分之二到达地球的太阳辐射，这些太阳辐射的热量温暖了地表。在光线反射的作用下，剩余的三分之一以红外辐射的形式返回太空，而低层大气中的气体却拦截了其中一部分，并将这部分热量再次返回地表，不断给地球升温。因其作用类似于栽培农作物的温室，我们故将其命名为"温室效应"。没有它，地球表面的最低平均温度会降至零下 19 摄氏度，而不是我们熟悉的地表平均温度 14 摄氏度。温室效应其实是一种自然现象，并且对地球上的生命来说至关重要。

但问题在于，工业时代开始后（1890—1900 年），人类对化石燃料（比如煤、石油、天然气等）的开采日益增多，温室气体排放也随之增加。许多人类活动（诸如能源生产、工业、农业、畜牧业①、交通运输和建筑业等）加剧了这一自然现象，并且导致了全球变暖。以往即使是在地球最热的时期，大气中的二氧化碳浓度也始终低于 300 ppm（1ppm=0.001%）。然而，就在过去的 150 年里，这一数值已经远远超出 400 ppm，实属 80 万年来从未有过之事，而且这一数值还将持续走高。世界人口的不断增加也极大地加剧了这一现象。

我们已深陷一种恶性循环中。当前气温持续升高，冰川和浮冰不断融化，极大地削弱了光的反射作用，而同时，水温上升又会进一步加速冰川融化。干旱的气候带范围不断扩张，导致植被（森林、红树林等）减少，可以天然固存的二氧化碳量也相应减少。海洋变暖以及例如在西伯利亚发生的极地冻土融化，将大量释放另外一种极具污染性的气体——甲烷，而这些地方的土层本应该是永久性冻结的。种种因素同时作用，温室效应不断加剧，事态很可能会发展到人类无法控制的地步。

说到底，温室效应就像火一样，存在双面性：火，

---

① 需要特别指出的是，反刍动物会排放大量甲烷。甚至可以说："如果牛代表一个国家，那它们将是温室气体的第三大排放国。"

既可以是蜡烛和壁炉里温暖乖顺的火焰，也可以成为无情吞噬一切的熊熊大火。专门研究加斯东·巴什拉（Gaston Bachelard）的哲学家文森特·邦特姆斯（Vincent Bontems）认为这种比喻其实是我们当今社会深刻变革的写照，他写道："好像是熊熊大火占了上风。放眼今日世界，从加利福尼亚到印度尼西亚、从澳大利亚甚至到西伯利亚，一场又一场森林大火对自然环境造成了巨大的破坏，而这一切都是因为全球变暖以及我们对能源的疯狂消耗。这些烈火破坏性如此之大以至于被烧毁的森林树木已然无法再生……对人类社会而言，现实也不过如是，我们一再过度地生产和消费，以至于耗尽了大自然自我再生的能力。"

比起工业化前的时代，温室效应导致全球气温升高了 1.1 摄氏度。2009—2019 年是有历史记录以来最热的一个十年，而且 2019 年本身就是自 1850 年首次记录以来气温第二高的一年①。但一进入 2020 年，好几个月的气温都接连创下了新纪录。然而，这些都只不过是气候变暖给人类一点颜色瞧瞧罢了。科学家强调道，即使各国遵守"国家自主贡献"（CDN），也就是说就算各国都

---

① 因为当年强烈的厄尔尼诺暖流，2016 年是迄今为止最暖和的一年。

能信守目前做出的承诺，到 21 世纪末全球气温上升幅度也将会超过 3 摄氏度。

其实，即使气温只上升 1.5 摄氏度，也会引发一系列灾难性的后果。比如冰川融化、海平面上升、温度升高、高温酷暑、极端天气频发（暴风雨、气旋、干旱、大火）、水资源减少、海洋酸化导致生物（昆虫、植物、脊椎动物等）多样性减少和农业减产，等等。全世界亿万人民都将受到影响，首当其冲的就是那些最穷苦的人。这些现象大多数还会相互作用，使得预测更糟，后果更严重。

当气温升高 2 摄氏度时，上述后果将进一步恶化，因为气候变暖后果的严重程度是呈指数上升的，这意味着它们的恶化速度要比气温升高的速度快得多，所以这完全可能导致情况失控。

对这一现象的观察随着时间流逝越发清晰，预测结果也越发令人担忧。政府间气候变化专门委员会（IPCC）在 2014 年发布的报告中预估，至 2100 年，最高气温增幅可能会达到 4.8 摄氏度。2019 年 9 月，在筹备计划于 2021—2022 年发布的报告时，该委员会的法国专家成员制作了几种气候模型。模型预测指出，"在最坏的情况下，全球平均气温将会在 2100 年上升 6.5—7 摄氏度"。在这项新研究得出的各种预测结果中，只有一种符合《巴黎协定》制定的目标，即将气温升高幅度控制在 2 摄氏度以内，而且还是在精确且严格控制的条件下，这种预测才可能成立。要实现这种所谓"乐观"的估测，意味着既要立即减少二氧化碳排放，在 21 世纪中叶之前实现"碳中和"①，也需每年捕获 100 亿—150 亿吨大气中的二氧化碳，而我们目前对此无从下手。这些专家们（他们来自法国国家科学研究中心、联合国非洲经委会、法国气象局等）还指出了更令人担忧的后果：全球变暖带来的区域性影响。"无论是哪种情况，可以肯定的是，在接下来至少 20 年里，热浪将更加来势汹汹，也会越发频繁。"这些专家不是在耸人听闻，他们举的大部分例子已经足够令人恐惧。

简而言之，温室效应如今已经成为烤箱效应。

我本人不是灾变论者也不是现在所谓的"崩溃论者"，但我也认为按照这个趋势发展下去，人们确实需要问一句：从某种程度上说，我们是不是将被"碳化烤焦"？

---

① 抛开复杂的科学争议不讨论，"碳中和"旨在稳定大气中的温室气体存量，即使温室气体排放量小于或等于自然环境（森林、农业土壤等）和某些工业过程（比如捕获碳和储存碳等）所吸收的气体量。

这个词有两个不同的含义：将有机物碳化，或者是完全烧毁。在刚刚的语境下显然是第二个意思。其实对这个问题，几乎所有科学家的回答都是肯定的，由于全球变暖，在不久的将来可能会有很大一部分人无法体面地生活，甚至可能根本无法生存下去。专家们同时也指出，若采取强有力的紧急行动，就可以避免这样的灾难性后果。

地球所经历的这些变化不仅是"翻天覆地式"的，而且从地球历史的角度来看，这些变化发生得太快。按照惯例计算，假如我们将整个宇宙的发展史浓缩到一年来看①，那么宇宙诞生那天是 1 月 1 日，银河系在 5 月 12 日出现，太阳系则在 9 月 2 日出现。生命诞生于 9 月 9 日，恐龙差不多在 12 月 25 日出现，智人出生于 12 月 31 日晚 11 点 48 分，而雅典和罗马则在当天晚上 11 点 59 分 53 秒才建立！直到这一年最后一天的最后一秒钟，人类的近现代史才正式展开！一言以蔽之，我们的地球从未在如此短的时间内经历过如此巨大的变化。这也就是为什么我们的行动如此必要、如此迫切却又如此艰难。

---

① 参见弗朗索瓦·杰梅内（François Gemmene）和亚历山大·兰科维奇（Aleksandar Rankovic）所著的《人类纪地图集》（*Atlas del' Anthropocène*），科学出版社（Edition Diffusion Press Sciences SA，EDP Sciences），2019 年。

"巨大动荡"和"气候紧急状态"这两个词确实是深表其意的。

不可否认的是，这种"巨大动荡"与我们的发展方式本身是密切关联的。我们选择的，或者说我们被迫接受的这种发展方式，是可承受、可持续的吗？实际上，我们越来越频繁提及的这个问题本质上是对人与自然关系的疑问。长期以来，欧洲人一直受到笛卡尔自然观的影响，该观点认为人是"自然的主人和所有者"，人一直位列宇宙中心。可我们混淆了所谓"自然"和"自然资源"的概念，忘记了后者并非无穷无尽、永不枯竭的。天地间的其他生物也有自己的地位和作用，我们却常常忽视这一点。欧洲人一贯秉持的是人类中心主义和欧洲中心主义。现在我们终于发现欧洲文明的这种观点本身正是问题之所在。我们重新意识到，人类只是自然的一部分，人不能在自然之外存活，更不存在面对自然的优越性；人与自然之间紧密相连，相互影响；所有的损失、伤害也是由此及彼。我们终于明白人类并非地球上唯一的居民，地球上还存在其他生命，它们都应该被人类所承认。用人类学家菲利普·德斯科拉（Philippe Descola）铿锵有力的话来说，"在这个被各个民族占据的舞台上，它们是如诗如画的装饰"。预计到 2100 年，当地球人口达到 90 亿—100 亿时，气候变暖引发的大火会造成更大规模的破坏；那些吞噬一切的大火也将使人类意识到，人类的命运早已和众生紧密相连。

为了应对全球气候变暖，《巴黎协定》设定了以下两个目标：升温幅度标准为 1.5 摄氏度和 2 摄氏度。也就是说将全球平均气温较前工业化时期上升幅度控制在 2 摄氏度以内，还应采取行动，努力在 21 世纪末将温度上升幅度控制在 1.5 摄氏度以内①。该协定案文的第 4 条以外交行文特有的格式起草："缔约方旨在尽快达到温室气体排放的全球峰值，同时要认识到，到达峰值对发展中国家缔约方来说需要更长的时间；此后利用现有的最佳科学数据迅速减排，在可持续发展和消除贫困的大背景下，在平等的基础上，到本世纪下半叶实现人类活动温室气体排放量与碳汇吸收量之间的平衡。"

设定这些目标至关重要，但为了实现它所要面对的巨大困难在于，我们在行动上仍然非常落后，差之甚远。当我用"我们"一词时，我想指的是世界上所有的国家和地区。因为早在 1984 年，那时我还年轻，作为时任法国总理，我在欢迎来自世界各地的业界领袖莅临凡尔赛

———————————

① "全球"平均气温升高 1.5 摄氏度，意味着大陆地区升高的温度更高，而且在一些地区升温更为明显。

宫时就曾说过:"如果有这样一个地方,本质上就注定了这里孕育着真正的团结,这种团结可以动员所有人构建一个目标共同体、朝着一个目标奋进,这个地方就是我们的自然环境。因为无论从什么角度来看,我们的地球都是独一无二的。"①

就在这颗独一无二的星球上,我们签署了《巴黎协定》,设定了共同目标。然而很显然,国际社会并没有遵守这些目标。2019 年就是个很好的例子,它向我们展示了国际社会自相矛盾的方面。从好的方面讲,国家、城市、企业和公民们都采取了各种措施来应对全球变暖,尤其令人欣喜的是,有很多年轻人都被动员起来去支持这些行动。但不好的方面是,无论是从记录到的温度水平还是温室气体排放导致的灾难性后果来看,2019 年都是创纪录的灾难性的一年。

在这场应对全球气候变暖的战斗中,2020 年可谓是关键之年。首先《巴黎协定》在 2020 年正式依法实行。同样是在这一年,根据《巴黎协定》,所有参与国都应该在此前承诺的基础上,对未来做出新的更好的气候承诺。2020 年应该是启动新一个"十年行动"之年。

---

① 世界环境会议(1984 年 11 月 16 日,凡尔赛)。

　　然而新冠疫情的暴发完全打乱了一切计划。疫情带来的经济冲击和社会影响的确使我们对抗全球气候变暖的决心有所动摇，不过我们也看到在其他方面的决心反而得到了强化。

　　在这次疫情面前，我们证明了只要下定决心，我们完全可以做出有力、迅速的反应。但是，从经济上说，如果我们只关注如何应对这次全球健康危机，而把应对气候变暖抛在脑后，那么这个重要任务很可能会因此受挫。在有些地区，例如撒哈拉以南非洲，那里的居民承受着双重甚至是三重痛苦，他们面对的不仅是健康问题与经济问题，还有气候变化问题。在这种大背景下，原本应该在 2020 年 11 月于格拉斯哥举行的第 26 届联合国气候变化大会被推迟了一年，将于 2021 年举行。而这次大会本应该是让国际社会认清现实的时刻。

　　现在摆在世界面前亟待回答的问题是：2021 年，是灾难之年还是转折之年？

2

重新审视《巴黎协定》

世上箴言都已写好，只差我们付诸实践。

——布莱斯·帕斯卡

应该只有相关专家才会从头到尾认真研读《巴黎协定》的具体条款，因为这既不是福楼拜的著作，也不是J. K. 罗琳的小说，引人入胜也不是该协定的本意。1篇序言，29条具体条款，140段决议：这是一份国际性文件，其中每一个字、每一个词都是经过所有缔约方的思考、谈判、权衡之后最终定稿的。

《巴黎协定》并不能解决所有问题，但没有《巴黎协定》任何问题都无法得到解决。

我此前提到过，该协定的目标是：较前工业化时期，到2100年把全球气温上升幅度控制在2摄氏度以内，甚至是1.5摄氏度以内。该协定还设定了21世纪下半叶实现"碳中和"的目标。接着在随后的讨论中大家又将实现"碳中和"的最后期限提前到了 2050 年。同时，每个国家都有义务通过自下而上的方式来做出量化承诺，以应对全球气候变暖。

《巴黎协定》里明文规定要以透明的方式定期对这些承诺和取得的成果进行审查，这是协议中的一项基本条款，况且这些承诺本身也应该向好发展。《巴黎协定》还拥有一个长效的优化和控制机制。显然，该机制是永久性的，人们因此不需要每过 5—10 年就再重新谈判《巴黎协定》或拟定其他等效协定。富裕国家应最晚在 2020 年确定向发展中国家提供财政援助，不管是公共领域还是民间社会的援助，每年援助数额应至少达到 1000 亿美元，同时到 2025 年，财政援助国必须要设定一个数额更高的财政最低预算。

我写下这些文字的时候，也就是在《巴黎协定》签署 5 年以后，我看到的结果和预见的事态发展都与缔约方当时的承诺相差甚远。事态并没有像《巴黎协定》预设的那样发展。政府间气候变化专门委员会和其他机构发布的报告都向我们揭示了现状之可怕、未来之可忧。在预期温度增幅的基础上，气温每升高半度，后果都将是灾难性的。如果说我们还有一丝机会能实现真正的可持续发展，那么一切的前提是全世界能够做出一系列艰难而又紧迫的决策。

联合国环境规划署会定期发布有关"减少温室气体排放的实际需求与前景之间的差距"的报告①。其中一份在2018年发布的报告指出，到2030年时，全球十大化石燃料生产国的温室气体排放量将远远超出《巴黎协定》划定的范围。如果按照将平均气温增幅控制在2摄氏度的目标来衡量的话，那么这些国家目前的温室气体排放量已经超标了50%，如果按照1.5摄氏度的控温目标来衡量的话，排放量则已经超标了120%。其中与目标差别最大的是煤炭领域，远超出原定标准的150%—280%！

2019年底发表的类似研究表明，在过去10年间，温室气体排放量的年平均增速为1.5%。若要控制事态发展，则要在2020—2030年间每年减少7.6%的碳排量。诚然，要是没有制定任何战略计划，温室气体的排放量只会更多，但可惜的是，人们制定的这些计划其实也收效甚微。2018年的二氧化碳排放量达到破纪录的37.1千兆吨②。关于"实际需求与前景之间的差距"最新报告指

---

① 《排放差距报告》。

② 1千兆吨（GT）等于10亿吨。

出，即使各国都履行承诺，全球气温增幅也会保持在 3.2
摄氏度的斜率上。为了保证升温幅度不超过 2 摄氏度，
全球温室气体排放量到 2030 年应减少 25%，到 2070 年
应实现"净零排放"。而要想保证温度上升不超过 1.5 摄
氏度，全球温室气体排放量到 2030 年应减少 50%，到
2050 年左右就应达到"净零排放"。

　　根据国际能源署（IEA）的数据，在全球国内生产总
值（GDP）持续增长的背景下，2019 年能源行业的温室
气体排放量并未增加，反而趋于稳定，这样的结果令人
瞩目。经济合作与发展组织成员国煤炭用量的减少，加
上可再生能源的发展，从数学计算上抵消了亚洲地区始
终处于高位的温室气体排放量。不过别乐观得太早，正
如国际能源署首席经济学家在 2020 年初指出过的那样：
"人类还是在朝着地狱之门走去，只不过是脚步放慢了而
已……"对于 2020 年的数据，人们尤其需要谨慎看待，
新冠肺炎造成的严重经济衰退无疑影响着温室气体的排
放量和排放性质，但这对于未来情况的走势其实并没有
确切的参考价值。

　　我们在探讨这些复杂棘手的问题时，先抛开其他化
石燃料对全球变暖的影响不谈，首先要牢记在心的一点
是：主要问题还是出在煤炭的使用上。目前煤炭能源产

生的二氧化碳排放量占全球碳排放总量的 40%。比起用
汽油或天然气，使用煤炭造成的二氧化碳排放量要多得
多。现在一般的煤炭发电厂基本能运作 45—50 年。眼下
问题主要集中在亚洲地区，那里煤炭发电厂数量众多，
且近 12 年来新建的电厂数量也不少，要关闭这些发电
厂可不太容易。在这片大陆上还有很多待建的煤炭电厂
项目，尤其集中在中国。这些项目一旦落成完工将意味
着《巴黎协定》的夭折。①当然不止中国，在这点上印度、
日本和澳大利亚也肩负着重大责任。所以联合国秘书长
才会在 2019 年于纽约举办的气候峰会上强烈呼吁："从
2020 年起不再新建煤炭发电厂。"我们不能再这样继续
下去了。如果不能改变目前煤炭的主导地位，脱碳的目
标是无法实现的。

至于另外一个二氧化碳排放的主要来源——石油，
即使人们对它的依赖程度相较之前的确有所减少，但它
仍然可能在我们经济发展中长期占据重要地位。石油在
1974 年第一次石油危机时占人类能源消耗的 45%，相比
之下，今日这一比例已降至 30%；而且今天的汽车油耗
减少，建筑物的隔热性能也有所改善，工业生产中也更

---

① 我国近年来已为削减煤炭消耗以及发展清洁电力付出了巨
大努力，取得了突出成效。——译者注

多使用到电力和天然气①。尽管如此，国际能源署的数据显示，原油在能源结构中所占的比重已保持 10 年不变，而原油消耗量的绝对值将会持续增长至少到 2040 年。尽管电动汽车在技术上取得了越来越多的进步，但汽车消耗的石油量预计要到 2030 年才会开始下降。与此同时，在新冠肺炎大流行之前，航空、海运和公路运输业，这些石油消耗量巨大的行业一直在不断发展。至于由碳氢化合物制成的塑料的问题，消息也有好有坏。好消息是为了减少使用或彻底淘汰塑料，越来越多的人行动起来参与其中；但同时坏消息是，从总体上预计塑料的使用量仍会不断上升，主要是因为这种被广泛使用的包装材料在发展中国家还有很大的增长空间。比如一个非洲人每年平均使用 4 千克塑料，而一个美国人或欧洲人的塑料使用量则是 60—80 千克。

正是在这种情况下，2019 年 9 月举办的纽约气候峰会将动员全世界设为主要目标。联合国秘书长提前告知了各个国家：只允许能做出具体、积极承诺的国家上台

---

① 天然气排放的二氧化碳比煤炭和石油排放少，每千瓦时排放不到 500 克二氧化碳，而煤炭的平均排放量为 800 多克，太阳能为 45 克，水力发电为 24 克，风能和核能为 12 克。它可储存，容易获得，而且价格也便宜。尽管它在开采过程中会有甲烷排放，并且仍然是一种化石燃料，但它的确很受欢迎。

发言。结果，几个主要的二氧化碳排放国（阿根廷、澳大利亚、巴西、加拿大、美国、墨西哥等）直接缺席，德国、法国仅是稍做表态，其他国家（中国、印度）选择上台重申自己的观点。而会议取得的主要进展则是来自那些积极承诺的企业、城市、地区或小国家。仅仅只有三分之一的国家宣布将在 2020 年做出更有力的承诺。同时，也仅仅只有三分之一的国家重提"2050 年实现碳中和"的重要目标。"碳中和"目标出发点极好，但从定义上来说却是一个长期性目标，因为它没有就必需的短期措施做出相关规定。几周后，在马德里举行的第 25 届联合国气候变化大会上，各国又是同样的态度，令人失望的景象再次上演。而 2020 年这场新冠肺炎又导致许多国家推迟做出承诺。

为了树立意识，明确责任，我们不妨把主要的温室气体排放国家列成一张简单的汇总表。他们在现阶段是否履行了自己的承诺？他们的行为是否符合控制升温 1.5 摄氏度的目标？他们是否会像他们最开始承诺的那样，以更高的标准来要求自己？在 2050 年实现"净零排放"的问题上，他们是否会持续表态？

表 1 2018 年全球温室气体排放量分布表

中国	28.1%
美国	15.2%
欧盟	10.3%
印度	7.3%
俄罗斯	4.6%
日本	3.4%
韩国	2.1%
伊朗	1.9%
沙特阿拉伯	1.7%
加拿大	1.6%

表 2 目前欧盟成员国温室气体排放量分布表

德国	22.4%
英国	10.7%
意大利	10.2%
法国	9.5%
波兰	9%

　　表 1、表 2 里的这些数字表明，中国是世界上最大的二氧化碳排放国。中国很大可能会兑现 2015 年在巴黎做出的气候承诺，但面对如此紧迫的形势，这些承诺仍显不足。中国的现状是有些矛盾的，一方面，中国面临国内不断上升的二氧化碳排放量以及大量使用的煤炭

能源的问题；另一方面，中国在发展新能源上创新显著，太阳能①、风能和核能发展迅速。至于中国是否会定下更高的目标，又将何时定下这些目标，目前还不得而知。但对这样一个大国而言，定下更有决心的目标显得至关重要。②并且，本次新冠疫情之后的中国政策将如何变动？这很大程度上将取决于中国国内的经济环境以及中国与美国和欧盟的关系走向。这将成为一个事关重大的抉择。中国提出的"一带一路"倡议向绿色环保方向的转变也将发挥关键作用。

再来看看美国，该国在巴黎气候大会上曾承诺道，他们会以 2005 年的排放水平为标准，到 2025 年时减排 26%—28%。按照目前的形势，要实现这些目标遥遥无期。放眼未来，气候问题将成为在 2020 年 11 月举行的美国总统大选中的关键所在，且大选结果也会决定气候问题的未来走向。如果现任总统特朗普连任，那么美国将继续破坏约定，任意妄为。如果他落选，那么正如大

---

① 在世界排名前 10 位的太阳能企业中，有 9 家都是中国企业。

② 2020 年 9 月 22 日，中国国家主席习近平在第 75 届联合国大会一般性辩论上发表重要讲话，明确指出："中国将提高国家自主贡献力度，采取更加有力的政策和措施，二氧化碳排放力争于 2030 年前达到峰值，努力争取 2060 年前实现碳中和。"——译者注

多数美国民众所希望的那样，新一届政府将把应对全球气候变暖作为行动的重点。届时，美国作为世界第一大国，它的选择将会影响全世界。

欧盟虽力争兑现 2015 年的承诺，但对于将温度增幅控制在 1.5 摄氏度这个目标而言，欧盟付出的努力仍显不足，欧盟中的几个主要煤炭生产国和消费国在应对全球气候变暖这个问题上也仍然有所保留。但在 2020 年，欧盟还是很有可能做出更加雄心勃勃的承诺，尤其是为了 2050 年实现"碳中和"而进一步努力。于 2019 年底通过的《欧洲绿色协议》可谓是一大重要进展，后文会再细谈。欧洲在后疫情时代为经济复苏做出的选择也将符合这一发展方向。期待在交通业、住房和供暖、农业和重工业方面看到欧洲取得一定成果。

接着来看看印度。作为即将成为世界第一人口大国的印度，在 2015 年巴黎气候大会上却只做出了符合 2 摄氏度控温目标的承诺。印度应该会履行其承诺，但无法确定它是否会做出进一步承诺以及制定长期目标。虽然印度确实在能效和可再生能源领域取得了显著进步，但其关键痛点还是在于煤炭能源的大量使用。2020 年印度政府的最新决策，以及其相对薄弱的碳汇能力恰恰都证实了这一点。

在第 21 届联合国气候变化大会（COP21）上，俄罗斯并未表现出很大的热情。我仍然记得，当时，时任法国总统奥朗德（François Hollande）和俄罗斯总统普京（Vladimir Poutine）有过一次交流。奥朗德对普京做出的微不足道的承诺提出质疑，但后者却回答说："别担心，我没把话说完呢！"果然，惊喜在 2019 年 10 月到来：俄罗斯联邦正式批准了《巴黎协定》。不过俄罗斯的承诺力度较小，且俄罗斯是否会信守承诺目前还不得而知。同样地，对于俄罗斯来说，如何确定未来的方向，这要基于新冠肺炎对该国经济造成的冲击以及俄罗斯为应对疫情所采取的措施。至于今后，俄罗斯可能还是不太愿意限制化石能源的使用。2019 年 12 月 19 日，俄罗斯总统在年度新闻发布会上不就曾表示过："根本没有人知道全球为什么变暖！"

日本在 2015 年做出的承诺可谓是微乎其微，而且能否兑现这些承诺也不确定。总而言之，要想日本快速做出更有力的承诺是不太可能的。日本面临的主要问题也是煤炭能源。在日本本土有十多个火力发电厂正在兴建，同时日本政府还计划 2020—2026 年在海外修建其他火力发电厂。日本对煤炭发电站的公共投入仅次于中国，不过日本在 2020 年 7 月曾宣布将会减少相关投入。

　　至于沙特阿拉伯，它没能履行在巴黎气候变化大会上做出的承诺。在最近的联合国气候变化大会上，该国经常采取消极立场，尤其因为与美国总统交好，它这种态度更加明显。为石油巨头——沙特阿拉伯国家石油公司的上市做准备，这才是沙特阿拉伯关注的重点。要知道，仅这一家公司的石油开采量就占世界石油总产量的11%，而且其开采成本极低（每桶仅 3 美元左右）。油价的大幅下跌使得与之相关的矛盾更加凸显，一方面，经济多样化大有必要；另一方面，油价大跌又削弱了实现这种经济多样化所需的财力支持。

　　巴西在 2015 年做出的承诺是，相较于 2005 年二氧化碳排放水平，到 2025 年将温室气体排放量减少 37%，2030 年减排 43%。这些目标将无法实现。巴西需要重点关注的领域是森林砍伐、商业运输和重工业。一直对气候变化持怀疑态度的博尔索纳罗政府在第 25 届联合国气候变化大会上可以说是来"踩刹车"的。巴西政府几乎不可能提高现有目标，也不太可能会进一步明确长期目标。然而回想 1992 年，在当年那场著名的里约会议之后，巴西遵循传统采取了积极立场，但现在，该国却更倾向做出反气候变化的决定，同时也把枪口对准其他发达国家和非政府组织。

澳大利亚的情况也值得一提。不仅因为这个"独立大陆"是人均二氧化碳排放量位居世界第二的国家，仅次于沙特阿拉伯，而且因为它是自相矛盾的富裕国家中的一个典型例子。全球气候变暖，特别是森林大火导致的惨重损失已无须多言，但澳大利亚政府却仍然拒绝从根本上采取行动。作为主要的煤炭消费国和出口国，澳大利亚政府似乎是将维护煤炭带来的利益放在首位。

这几个碳排放大国的相关数据和预测可以用来衡量他们在未来还需要做出多少努力。这个可以用"更好""更快"和"共同行动"三个词语概括的《巴黎协定》，我们该如何贯彻它的内容？如何恪守它的精神？在2015 年之前，我们需要做的只是出台具体的普遍性规定。在巴黎气候变化大会上，基于科学界、社会经济界和政界的合作，我们曾成功地做到了这一点。现在我们的目标更加明确：目前的首要任务是落实《巴黎协定》的各项条款。不过在当今多边主义日渐式微、全球政治割裂的背景下，要把这些条款落到实处变得越发困难。面对当下的新冠疫情，各国究竟会做何选择？是选择传统的经济复苏，还是完全不同的绿色复苏，每个决定都影响重大。

3

布隆伯格、健康、适应力

> 离消极的人远一些，他们对任何解决方法都抱有疑问。
>
> ——阿尔伯特·爱因斯坦

我们是否普及了《巴黎协定》的相关内容？有些人认清了要走的道路和要规避的风险，前纽约市市长兼财政专家迈克尔·布隆伯格（Michael Bloomberg）正是其中之一，他在气候方面做出了许多努力。

我在筹备第21届联合国气候变化大会时曾见过他，他和我说的一番话让我印象深刻，内容大体如下："要注意两个潜在的危险！首先，不要总是只强调气候问题将在遥远的未来造成的影响，这让人感觉气候变化仿佛是50年之后的问题。到那时，无论是企业还是个人都将很难展开行动。当然，气候问题导致的长期影响令人生畏，但当务之急是我们此时此刻需要有所作为，因为环境已经遭到了严重破坏。如果我们不立即采取措施，这些损害将是不可逆的。这些被排放至大气层的二氧化碳不会奇迹般消失，它们会在大气层中停留数十年。现在我们已经到了最后关头，再进一步，气候变暖现象将会失去控制。"布隆伯格的话很有道理，不论是时间上还是空间上，我们不要给人们一种一切还很遥远的感觉。此时此刻，我们每个人都牵涉其中；此时此刻，我们应该采取行动。

布隆伯格提到的另一个潜在危险也很中肯，他指出："为了动员大家，我们不能总去强调气候变化造成的损害与灾难，而是要突出我们的努力所带来的积极影响。我们要通过创造更多的就业岗位、提供更好的生活条件、构建更有保障的公共卫生体系、创造更多的安全与经济利益，以及采取更尊重自然的态度，等等，去建立一个全新的发展模式。"这条建议很有道理。虽然现状已经如此严重，且未来情况只会更糟，但不论是从地方层面，还是从国家与国际层面，我们都不能指望通过强调这一现实来动员一个群体。我们已经取得了一定的成果与进展。作家爱德华·格里森（Édouard Glissant）的一句格言描绘了未来的大前景："从野蛮的全球化过渡到和平的全球性。"我们不应只着眼于需要避免的消极因素，而是要发现那些积极因素，然后广而告之。然而，我们现在更依赖于恐惧而非希望，但其实这两个情绪都需要被调动起来。

除了布隆伯格的建议之外，我还想再提出我的两条建议。但在此之前我想先谈谈对于环境问题的整体看法。

首先，我的整体看法是：我们永远不应该将气候现象及其后果与人类在其他领域的活动分开来看。环境是一个整体。举个例子，不论是在科学上还是实践中，我们都不能将气候变化与生物多样性的锐减一分为二来看待。这两个现象都是由人类活动导致的，并且两者相互作用。气候失调不仅会导致气温的普遍上升和极端自然现象（干旱、洪水、飓风、暴风雨，等等）的强度增加，它还会影响海平面、海水酸度、农业和动物迁徙。同时，气候失调还会加重不平等现象。它也是各类冲突的导火索，决定冲突的强度，也就是直接决定我们将迎来战争还是和平。世界上的干旱地区其实正是冲突频发的地区。这也是为什么联合国政府间气候变化专门委员会和前美国副总统艾伯特·戈尔（Albert Gore）获得的不是诺贝尔物理学奖，更不是经济学奖或化学奖，而是诺贝尔和平奖。

　　联合国政府间气候变化专门委员会的另一个相似组织 IPBES^①在 2019 年 5 月发布的报告中证实了气候与生物多样性之间的相互作用。这份报告中提及了两个不容争辩的事实：首先，地球的生物多样性正在以前所未有的速度退化，继 6500 万年前发生的上一次物种大灭绝后，我们正在经历地球历史上的第六次物种大灭绝；其次，大部分环境问题都是相互作用的。最近几届联合国气候变化大会标志着我们在这方面取得了进展，但这些进展还需在第 26 届联合国气候变化大会上得到进一步确认，这一届大会将会由意大利和英国进行筹备。由此可见，气候和生物多样性也越来越成为与会国联合行动的目标。此外，我们不能采取"孤岛式"的思考或行动方式，而是要在不同领域采取交叉行动。

　　基于现有经验，我可以就气候与健康之间的关系提一条中肯建议。长久以来，许多报告与证据已经向人类警示了气候变化对健康的影响，营养不良与遭受极端气候现象之间的相关性已经得到了证实。据世界卫生组织估计，每年使用化石燃料产生的空气污染会导致 400 万人过早死亡。德国波茨坦气候影响研究所认为，如果不

---

　　① 生物多样性和生态系统服务政府间科学政策平台。

行动起来，这个数据将在 2050 年攀升至 600 万。但如果从现在开始主要使用清洁能源，那么这一数据将大幅下降至 100 万。如果太阳能与风能成为发电的主要能源，那么相较于现在，发电引起的健康问题将会减少 80%。

然而，从整体来看，各种环境问题对于健康的巨大影响却未得到足够重视。全球健康与污染联盟在近期的一份报告中指出，15% 的成年人的死亡与各类污染有关。从绝对值来看，这项数据在印度与中国最高，紧随其后的是尼日利亚、印度尼西亚与巴基斯坦。从人口占比来看，最严重的国家是乍得、中非与朝鲜，在这些国家中，因污染死亡的人口比例分别为 0.287%、0.251% 和 0.202%。生活中，不清洁的用水、厨房和供暖用火以及车辆造成的污染是导致死亡的三大杀手；工作中，造成死亡的主要原因则是烟雾、工业废气、微粒与铅接触。

科学家们目前对于气候现象之间的具体相互作用仍有争论，这些现象甚至与新冠疫情也存在相互影响。其实气候失调对于健康产生的影响是多样的且具有毁灭性，例如极端气候现象会引发传染病，甚至造成死亡；导致营养不良；空气污染会引起呼吸道疾病；极端气候现象会造成创伤后心理压力，等等。气候与健康之间联系紧密，且健康对于每个人来说都至关重要，所以我们要更加重视气候失调对健康方面的影响，这是每个人都能够理解并且对于每个人来说都很实际的问题。红十字会这个庞大的非政府组织就深知气候对于健康的影响。在 2020 年以前，我便多次听红十字会法国分部负责人强调，我们不但需要减少气候变化的成因，并且要在减弱气候变化的影响方面有所作为。他说："应对措施应当是完整且协调的：我们要更好地培训专业人士，改进公共卫生系统，重新审查救援组织，更好地规划城市布局，普及急救措施的相关信息，等等。这一切都是为了加强人民的应急能力。"我十分赞同他的看法，因为这场新冠肺炎灾难以沉痛的方式向我们揭示了气候变暖、森林砍伐与大流行病之间的联系。总而言之，我们要着重强调全球变暖与健康之间的联系。

另一个在应对气候失调的行动中需要明确的大方向是"提升适应力"。同样，《巴黎协定》明确要求我们切实减少温室气体排放。减少排放，或者称为"减轻排放"，是不可或缺的第一个要素。但是我们都知道，无论我们做出了多少努力，自然灾害还是在不断发生，所以我们要尽可能地预防和减少它们带来的危害。这种应对气候变化的"适应力"，就是尤为关键的第二个要素，它与第一个要素同样重要。适应不意味着面对气候失调时

选择放弃或屈服，而是采取恰当的措施，并采取更加强
有力且有效的保护手段。为了提高适应力，我们需要设
计及修建必需的基础设施，例如道路、供水系统、医院，
等等，以更好地应对自然灾害。同时，必须提高信息系
统与预警系统的效率，以便在自然灾害发生前提前疏散
群众。现在全世界规模最大的城市中，80%都位于沿海
地区。发展中国家的城市因为人口密度大和基建应急能
力弱，面对自然灾害时格外脆弱。气候失调对非洲三分
之二的城市都构成了巨大威胁，但那里却只有 20%的医
院和保健中心拥有在遭遇极端气候现象时继续保持运转
的方案。所以"减轻排放"和"提升适应力"永远不能
分开来谈。

采取行动保护海洋也尤为必要。气候学家让·朱泽
尔（Jean Jouzel）认为海洋是"全球变暖给我们带来的真
正考验"。2019 年下半年联合国政府间气候变化专家委
员会发布的报告中给出了有关海洋和地球冰冻地区的全
面分析，报告指出了气候变化带来的影响的严重性，因
此我们应该对此有所准备。气候变化对海洋带来的第一
个影响就是海洋变暖。海洋碳汇巨大①，它不仅吸收了大

---

① 数据显示，2009—2018 年间，人类排放的二氧化碳中有 44%
被大气层吸收，29%被植被吸收，23%被海洋吸收。

量的二氧化碳，同时也吸收了 90%由气候变暖所产生的热量。现在的海洋处于温度最高、酸度最高、咸度最低的状态。早自 20 世纪 50 年代起，鱼类和浮游生物就开始迁徙，它们已经迁徙了数百千米，所以预计到 21 世纪末，人们捕到鱼的可能性将会大大减小。全球变暖加上海洋地区氧浓度下降，这对珊瑚也造成了严重损害，而全球有 5 亿人依赖珊瑚礁生活，珊瑚礁同时还保护着滨海环境。海洋变暖与污染的加重也增加了"死亡地带"的数量。在这些死亡地带里，海洋生物因为缺少氧气开始渐渐消失。所以，我们的当务之急不仅是要采取行动来缓解这些现象，更要通过多项举措来适应这些现象。

　　另外一个重要的气候现象是海平面上升。针对这点，联合国气候变化专家委员会也提供了确切的数据。与 1980—2000 年这 20 年间海平面上升的幅度相比，若全球平均气温上升 2 摄氏度，从现在起到 2100 年，海平面将会上升 43 厘米；若平均气温上升 3 摄氏度或 4 摄氏度，那么海平面将会上升 84 厘米。根据联合国气候变化专家委员会的预测，在下个世纪，海平面上升的速率将会每年增加 100 倍！专家认为，必须要建立许多大规模的防护机制，这同时也是"适应力"的体现。若这些防护机制"每年能得到数百亿甚至数千亿美元"的投资，那么它们便能把洪涝的风险降低 100—1000 倍。但在现在的情况下，贫困地区很难靠自己筹集到必需的资金。许多小型岛国可能会变得无法居住，当地居民也不得不迁移去别处。另外，湿润地区对于人类活动来说非常重要，但到 21 世纪末，20%—90%的湿润地区将会被海水淹没。目前，世界上有1 亿人居住在海拔在海平面以下的地区。到 2050 年，将有超过 10 亿人生活在受洪灾侵害的沿海地区，或是极端天气频发的地区。在过去的一百年间，许多特大城市和小岛屿，每年都会经历至少一次极端天气事件。像曼谷、孟买、达卡、拉各斯、迈阿密、纽约、上海和东京等许多沿海大城市都非常容易受到侵袭。最近的一些研究显示，截至 21 世纪中叶，将会有 3 亿人受到海平面上升带来的威胁。亚洲地区首当其冲，尤其是孟加拉国、中国、印度、印度尼西亚、泰国和越南等国。为了应对那些一定会出现的严重气候现象，我们需要采取适应性行动，以出台人民合理要求的强有力措施。

说到海洋，我们也经常会强调气候变暖在北极地区造成的严重后果，尤其是北极地区的海平面上升问题相当严峻，这也对世界上其他地区造成了严重影响。地中海地区人口众多（超过 5 亿居民），且受到气候变暖的巨大冲击，但我们却很少提及全球变暖对该地区的影响。

2019 年秋季发布的第一份关于气候变暖对于地中海盆地影响的总体报告曾强调，自工业革命以来，地中海地区的升温速率已高出平均水平 20%，若不加以强力干预，局部地区温度增幅将在 21 世纪末达到 3.8 摄氏度。在接下来的数十年间，干旱、强降雨、农耕地与森林的消失、生物多样性的退化、新生物入侵者的出现也将会成为频发现象。专家指出，地中海海平面将在 21 世纪末上升 1 米，但可使用的淡水量反而在降低。在此后 20 年间，将有超过 2.5 亿人处于"缺水"状态，也就是说这些人每年可使用的淡水量将不足 1000 立方米。气候失调对于整个生态系统的影响有可能是毁灭性的，尤其会影响小麦产量。小麦作为大部分人口的主食，它的产量会在气候失调的影响下大幅降低。法国国家科学研究中心研究部主任卡迈尔（Pr Cramer）概括道："在整个地中海地区，今后最凉爽的夏天将比现在的三伏天还要炎热。"

除了采取以上措施，我们还可以通过建立信息、教育与培训的系统方案来提高人们对于环境和气候问题的关注度。虽然现在我们对于环境问题越来越重视了，媒体也给予了气候问题许多关注，但和媒体关于应对 2020 年新冠疫情的全面报道相比较，气候问题所占的版面要少得多。然而，信息传播对于加强人民的意识是十分重要的，所以我们应该在中小学课程与大学课程中设置相关课程，进行环境问题的宣传①。我们目前正处于起步阶段，少有国家身体力行。在亚洲，新加坡正在进行环境教育的试点工作。②另外，新西兰也表现得十分积极。在美国，加利福尼亚州就曾在多所大学内进行环境相关问题的宣传。在欧洲，意大利政府决定从 2020—2021 学年开始在所有公立学校内开展全球变暖学习活动，这意味着意大利的高中生们每年将有 33 个课时去学习气候问题与可持续发展战略。另外，受到联合国《2030 年可持续发展议程》的启发，为了使这些必修课更具全民性与实用性，这一系列课程也将渗透到其他学科的教学中（例如地理、物理、自然科学等）。这一系列措施的目的是在年轻人群体中建立一种新的公民身份，并通过这样的方式来进行全民宣传与全民教育。此举将从为相关教师提供专门培训开始。因为根据一项在 70 个国家展开的研究显示，90%的国家并未将此类主题作为教师的培训内容。所以意大利政府希望成为将此类创新性教育融入学

---

① 在法国，现在约有 85%的人民群众无法解释清楚全球变暖现象。

② 2020 年 8 月《广东省生态环境教育条例》（征求意见稿）开始公示，这意味着广东酝酿多年的生态环境教育立法进入实质阶段。按照此条例规定，政府机关应将生态环境教育列为公务员录用、任职、培训、考核、晋升必要条件；中小学校应当将生态环境教育纳入公共基础课程。这一环保教育试点政策未来将逐步向全国普及。——译者注

校必修课程的先行国之一。

我们可以通过众多途径来切实落实《巴黎协定》中所做出的承诺，如急迫性、积极性、公共卫生方面的影响、适应力、教育、培训。

4

联合国气候变化
"大会"和"小行动"

联合国第 21 届气候变化大会表明，只要有政治决心，就能够做出改变。政治家、外交官、企业家、科学家以及民间社会代表，必须团结一心，确保《巴黎协定》得到充分落实，以建立一个更加公正和可持续发展的世界。

——科菲·安南

联合国前秘书长

（2015 年 12 月 16 日给笔者来信）

在 2015 年 12 月《巴黎协定》通过之时以及在通过之后的几个月中，《巴黎协定》和促成它的第 21 届联合国气候变化大会都得到了舆论的广泛支持，人们也对此充满期待。当时，世界各地的报纸头条都欢欣鼓舞，对于协定的通过不吝赞美之词。之前忧心忡忡的人们也都长舒了一口气。全世界终于明白了，我们必须要做出改变，并且也将会做出改变……所以，我们理应从现实角度来看待：协定的通过的确是对应对气候变化的有力支持，但也得意识到未来还有很长的路要走。

然而，由于一次巨大的倒退，这种支持本身开始受到强烈质疑。美国总统的粗暴行径严重损害了《巴黎协定》。其他几位重要的国际领导人，虽然没有明确表示退出《巴黎协定》，但也没有执行《巴黎协定》的内容，且拒绝在未来做出更有雄心的承诺，理由是在他们国家签署《巴黎协定》时，他们本人并不是当时的直接签署者。他们架空了《巴黎协定》，并为气候怀疑论提供了支撑。如果说"气候否定主义"处于下风，那么"气候观望主义"又站稳了脚跟。有些人不去质疑那些不履行承诺的国家，反而批评联合国气候变化大会和《巴黎协定》，说它们的存在是无效且无用的。然而，所有密切关注了谈判过程并注意到先前的会议均以失败告终的人都清楚，《巴黎协定》已经是能够取得的最佳成果了。

矛盾的是，气候怀疑论者对联合国气候变化大会的批判，似乎和某些"支持气候行动"人士的言论不谋而合。但很显然，后者的观点和前者完全不同。他们说道："我们受够了这些峰会。不要再召开这些大型会议了！政府什么都做不了。公民们应该自己行动起来。"在他们口中，唯一的解决方式是所谓的"日常环保"，具体体现在"小行动"中和"小团体"中，如果"日常环保"在全世界得到推行，就能更好地取得预期成果。人们指责政府不作为，与之相伴的是对环保小行动的提倡。这些小行动被认为是应对气候变化唯一的有效手段，而我们每个人都可以身体力行。

就我个人而言，我坚信这两方面都是我们需要的。全球的和地方的、集体的和个人的、政府的和公民的——这两种形式的行动之间不存在争议，更不存在对立。这些大家熟知的"小行动"有很多，形式多样，并且涉及了日常生活中的大部分领域，这些行动弥足珍贵。但仅靠"小行动"是远远不够的。联合国气候变化大会也非常重要。有许多例子都表明了在气候问题上达成一致的必要性，接下来我仅举其中几例来进行说明。

第一个例子是交通运输领域，这个领域与气候问题直接相关。比如，一个法国人超过一半的二氧化碳排放量都是由交通出行产生的。在行程相同的情况下，飞机消耗的能源大概是火车消耗能源的六倍左右。所以，如果情况允许的话，火车肯定是更节约能源的一种出行方式。对于在城市里的短途出行，公共交通、步行以及骑行都是最节约能源的出行方式，然而，在路程不到 3 千米的情况下，大约半数的人还是会选择驾车。这些选择一方面取决于消费者本身，另一方面则取决于地方、国家和国际层面上关于城市规划、工业部门、外资外贸、标准等方面的决策。要想取得进步，既需要"小行动"，又需要"大决策"，而后者通常是在联合国气候变化大会上制定的。

另一个非常需要"小行动"的领域是住房。在法国，大约三分之一的污染物排放都和住房有关。其中供暖是造成这些排放的罪魁祸首。所以必须加强房屋的隔热保温能力，采用高效的取暖方式，使用合适的设备（节能灯泡、温度调节器等），等等。还有许多其他可以减少二氧化碳排放的"小行动"，但显然可以通过一项总体政策来选择是否鼓励这些"小行动"，比如发放补贴，推出税收优惠政策，规定公民义务，等等。

减少购买肉类和奶制品、践行垃圾分类、减少塑料制品的使用、杜绝纸张浪费、控制道路或高速公路上的车辆行驶速度，这些"小行动"都很重要。据我观察，公民们在必要时通过施压或者发起抵制运动，可以不断推动企业和政府做出改变。不论是在学校、在工作中还是在家中，不论是个人、协会成员、公司领导者、地方还是公共行政领导，在职人员还是退休人员，工会成员还是议员，公民还是执政者，"大决策"和"小行动"都有助于改善现状。现状的改善尤其依靠市政府，毕竟城市的能源消耗占据了大头。因为常常是市政府，而不是中央政府，负责制定交通、住房、基础设施和垃圾处理方面的政策，并且世界上每天都会新增 19 万城市居民。

为了衡量这些"小行动"的重要性，C4 集团提议为法国列一个清单，这个清单囊括"仅根据个人意愿发起，且不需要投入任何资金"的十几个行动。该清单于 2019 年 6 月发布，列举出了一些"日常小行动"和一些更大的行为改变（比如不再乘坐飞机、只吃素食……）。研究显示，如果一个法国人每天都完全践行这些行动，坚持一年，他的个人碳足迹将会减少 25%。因此，研究得出了两大结论："不能忽视个体行动的影响"，但"必须要认识到即使是一个'英雄行为'得到普及，也不能确保减少的碳排放量足以实现《巴黎协定》规定的 2 摄氏度控温目标"。研究人员们还强调道，"对于一个普通的法国人来说，通过改变个人行为，可以将个人碳足迹减少 5%—10%"。

　　整个欧洲都展现出了类似的向好的决心，这种决心从字面意思来看就是一种意愿。一家调查机构为欧洲投资银行进行了一项研究，该研究于 2019 年秋季在欧盟成员国之间开展。研究显示，74%的欧洲人都准备，或已经选择用步行或者骑自行车的方式出行；91%的欧洲人表示自己会进行垃圾分类；94%的欧洲人会选择购买或者打算购买本地或当季产品。在很大程度上，气候变化与塑造社会经济的主要结构是相关联的，尤其是能源和食品这两大结构，它们的碳排放量非常高，仅以消费者某些行为习惯的改变来降低碳排放量是远远不够的。因此，"小行动"是非常有用的，一如接下来将提到的"大决策"。

　　具体谈到"大决策"时，在 2019 年纽约气候行动峰会上，联合国秘书长总结了他对未来的几点展望，这些展望既合理又充满雄心：他呼吁各国上调承诺目标，将温度上升幅度控制在 1.5 摄氏度以内（意味着需要在2030 年前减少 45%的温室气体排放量），到 2050 年达到碳中和，取消对化石能源的补贴，征收碳税而不是个人税，2020 年后不再新建燃煤电厂。为了支持这些"大决策"，这里我想重提在本章开头提出过的问题：联合国气候变化大会是否是推动气候领域进步的好办法？

有些人批评这些年度大会无法或者说不再能取得足够成果，且会议的组织成本高，章程烦冗。诚然，我们将继续在联合国气候变化大会上商讨气候问题，或探讨生物多样性（预期于 2021 年在中国举行的气候大会的主题），但有人建议，可以用排放大国（20 国集团）之间的协议代替联合国气候变化大会，或者采取"同盟"、特别会议的方式，用更加灵活的、可自愿参加的会议来代替联合国气候变化大会，例如，可以举办关于金融、太阳能、城市和地区倡议、纺织业等主题的专门会议。总的来说，他们认为联合国内部的这种国家间的谈判，也就是联合国气候变化大会运转不灵，应该采取一种完全不同的做法。的确，联合国气候变化大会的形式可能并不是最理想的，其章程烦冗，并且召开年份不同，取得的成果也大不相同，联合国气候变化大会建立在达成共识的规则之上，因此当单边主义抬头时，取得的成果和达成的目标就会不尽如人意。但是在应对重大的全球性问题时，联合国气候变化大会就体现出了其优势，因为它能够向各国和各大企业施压，促使它们进行对话、评估并做出决策。

目前人们也提出了一些改善方法。有些人建议用各经济领域内部的协定来替代国家间的对话，比如水泥和航空业的协定。但只有当这些协定充满雄心、落到实处的时候才是有用的，且这些协定不能覆盖所有领域，也不能替代国家做出的正式承诺。人们还提到了另外一个改善方法：利用科技和金融手段来应对气候变化。我将在之后的章节中谈论这两个方面，这些"工具"确实起着至关重要的作用。但是，它们既不能替代国家做出的承诺，也不能对承诺落实情况进行必要检查。后文还会提及施加道德压力、动员群众以及"以身作则"等方法，这些方法也是必不可少的。但这些方法总归无法满足对于全球性战略的需要，因此我们还是有必要开展联合国气候变化大会去制定战略，只是需要首先解决大会运作的一些技术问题。

具体有哪些技术问题呢？比如，与其在每届联合国气候变化大会的第一周进行专家讨论，接着在第二周取得政治妥协，不如在每届气候大会上，花更多的时间对比审查各国取得的成果、产生不足之处的原因以及为未来做出的具体政治承诺。实际上，联合国气候变化大会应该让每一个国家承担起对这个世界的责任。同时，最好将联合国气候变化大会的日程和一些科学报告（尤其是那些来自政府间气候变化专门委员会的报告）的发布时间统一起来，因为这些科学报告可以为即将做出的决策提供有力的支撑。联合国气候变化大会每年一度的召开频率也值得商榷。在这方面，我们没办法从推迟到2021年举行的联合国气候变化大会中吸取经验，因为这届大会的推迟是由一场突发的公共健康危机造成的，并不是人们有意为之。只能说，在"正常"时期我们可以提出如下问题：为了更好地筹备大会，提高大会的影响力，难道不能每两年召开一次大会吗？总之，为了使得联合国气候变化大会能够推动各方应对气候问题，在气候领域取得进步，就必须定期聚集各方，包括国家及非国家级行动者，尤其是那些地方政府和企业；必须汇总整体性和行业性倡议，动员金融专家和技术专家；并在整顿后的每一届大会上制定新的具体目标。

但是，我认为取消联合国气候变化大会将构成一个严重的错误。即使有几届气候变化大会确实令人失望，比如 2009 年的哥本哈根气候变化大会，但是几乎每届大会都取得了一些成果，或者说至少在全世界的注视下对气候问题现状进行了分析。

以下是应对气候变化的一些进展。首先，由曼努埃尔·普尔加-比达尔（Manuel Pulgar-Vidal）主持的 2014年第 20 届联合国气候变化大会在利马召开，这届大会推进了巴黎大会的筹备工作，确定了《利马—巴黎行动议程》，汇集了国家、地方和企业的倡议。第 21 届联合国气候变化大会促成了《巴黎协定》这一"历史性"的协定。于 2016 年在马拉喀什召开的第 22 届联合国气候变化大会进一步深化了利马议程和巴黎气候大会取得的成果。第 23 届柏林气候大会和第 24 届卡托维兹气候大会虽未能使各国的总体目标更上一层楼，但制定了《巴黎协定》规则手册的大部分内容。第 25 届马德里气候大会在海洋问题上取得了一些小进展，但既未提升各国的总体目标，也没有按照预期解决规则手册的遗留问题，也就是专家提出的第六条（碳交易市场）和第八条（损失损害补助）上存在的问题。第 25 届气候变化大会仅仅达成了国家间的最基本协议，也就是促使各国做出了未来的承诺，而那些最发达的国家应在第 26 届大会召开之前证明自己信守了承诺。所以第 26 届气候变化大会将会是至关重要的，因为它将决定新的国家自主贡献（NDC）。第 26 届气候变化大会将标志着《巴黎协定》的正式生效，它将会在 2021 年，也就是在美国总统选举结束之后举行，当然美国大选将会影响该届气候大会的成果。第 26 届气候变化大会将会明确疫情后的经济复苏是否推动了向低碳社会的转型过程，还是说实际上我们已经放弃低碳发展路线了。

我认为，在对联合国气候变化大会做出调整的情况下，应对气候变暖的各方，尤其是各国政府，务必定期在联合国的主持下举行会议。各国不应该将自己的不足归结于那些被简称为"非国家级参与者"的参与方，它们的作用远不止于此。那些排放大国和这些国家的领导人应当公开承认他们的全球责任。那些小国家也应让世界听到自己的声音，如果我们只把气候问题的决策权交给 20 国集团（姑且不谈通过何种程序），这是不可能实现的。同时，我们观察到采取"峰会""联盟"和"同盟"形式的行业性或地区性倡议越来越多，这些倡议的优势在于可以动员合作伙伴以及某一特定领域、某一个地区或者某一个项目的公共舆论，这是非常好的！但是，我之前已经强调过，这些倡议只能聚集有意愿参与的行动方，并且主要针对一个主题，只在一个层面上采取行动，然而应对气候变暖的关键其实在于各层面所采取行动的协调一致，其中包括不同参与者，不同领域、地区、国家以及整个国际层面。并且，这些自愿性和行业性倡议往往缺乏"承诺性"，甚至约束力。这些倡议无法动员每个国家，且常常把最脆弱的国家、地区和人员搁置一旁，但是联合国气候变化大会不同，它存在的意义就是让各国政府、各方在全世界舆论的监督下，长久地承担起自己的责任。

联合国气候变化大会很大可能会做出调整。长久以来，联合国气候变化大会只是专门讨论目标的论坛。现在的大会应该致力于评估取得的成果，制定宏伟的目标，协调各方的行动。应对气候变暖的目标已经在巴黎气候大会上得到确定，我们不能每年再重新进行这项工作！大会应该做的工作是，在全球范围内，公开对各方做出的承诺和取得的成果进行对比，在关键领域采取行动，让所有参与方，尤其是那些碳排放大国在世界舆论面前表明自己的立场。在联合国的主持下，在非政府组织和国际舆论批判的目光下，在同一时间、同一地点，定期对所有参与方做出的承诺和取得的结果进行对比，这个过程确实是非常复杂的。尽管这意味着得在某些方面做出调整，但这是必不可少的。取消联合国气候变化大会相当于给气候怀疑论者和多边主义的反对者送了一份意外之喜。

这个世界既需要积极的日常"小行动"也需要"大决策"。也正是这两者的结合，在法国促成了《公民气候公约》的制定，该公约在 9 个月内，聚集了 150 名随机抽选出来的法国人，他们在 2020 年 6 月制定出了覆盖方方面面的倡议。除了"小行动"和"大决策"之外，世界还需要地方日常进展和具有凝聚力且充满雄心的联合国气候变化大会。正是这一切的结合带来了希望，让人们有理由相信，应对气候变化的行动正在进行之中。

5

科技的希望和局限

目前，清除大气中二氧化碳最有效的技术手段叫作……一棵树。

——阿尔·戈尔
美国前副总统

"TFJ三角"（T代表科技，F代表金融，J代表正义）目前在气候问题中起着关键作用，并且在将来也会扮演十分重要的角色。

新兴科技在气候问题中的作用是显而易见的。虽然我们不能指望科技带来一些奇迹般的解决方法，但是在环境保护方面，新兴科技正起着积极重要的作用。目前已经取得的和人们希望取得的科技进步有助于推动可再生能源的发展，降低其成本。正是因为科技的进步，太阳能板的价格才会大幅下降，而潜在的太阳能发电量是全球能源消耗总量的 20 多倍。同时，生物质能、地热能、风能、水能、海流能的发展也取得了显著的进步。一些研究电能存储的新项目也改善了现状。新兴科技可以加强人们对人类活动所造成影响的认知，并对其进行更好的监督。在 2020 年第一季度，欧盟可再生能源发电量首次多于化石燃料发电量。从科技层面来看，我们可以通过技术手段详细评估某个沿海地区的生态脆弱程度，或是某个地区的水资源现状，同样也可以监测干旱情况以及农业用水情况。

谈及水资源，大家都知道我们的"蓝色星球"超过三分之二的面积都被水覆盖着，并且有超过97%的水资源以海洋的形式存在。海水淡化是目前为止理论上理想的水资源解决方案，但海水淡化需要消耗大量能源，所以可以说是在拆东墙补西墙。而只有在科技上取得巨大的突破，才能彻底改变现状，我们应该去寻求这种技术突破。淡水资源仅仅占全世界水资源总量的3%，并且主要以极地冰川的形式存在于地球上，得不到利用。同样，我们也只能通过科技和技术的进步来改善这一重要资源的利用状况，因为科技进步可以让我们采用异于以往的农业模式，种植耐旱作物，革新灌溉方式，实现废水循环利用，大幅减少管道漏水……目前，世界上每 10 个人中，就有 5 个人面临缺水问题。并且缺水问题肯定会在温度大幅上升之前变得更加严重，这将会迫使大部分国家采取严格的措施。面对人口压力以及气候变暖，在水资源这一至关重要的领域，新兴科技大有用武之地。

同样在海路运输领域，科技进步也发挥着举足轻重的作用。海运的二氧化碳排放量占全世界碳排放总量的3%，并且《巴黎协定》未覆盖海运减排领域。在这一背景下，技术创新和新规定双管齐下，足以改善生态足迹。比如，用液化天然气这种更清洁的能源替代劣质的海运舱载燃油、将停泊船只连接到电网以关闭污染严重的辅机、限制船只航行速度，这些都是我们可以采取的措施，并且能够迅速带来许多积极的影响。

有些人被对科技的热情冲昏了头脑，坚信科技大变革一定会发生，这种大变革一定会扭转当下的形势，彻底解决二氧化碳排放问题。他们设想了很多天花乱坠的科技项目，并声称这些项目一定可以解决问题。但事实上，其中很多项目都不太可靠。尽管我们应该对人类的创造力充满希望，但是意料之内的高成本、所谓的"解决办法"造成的不便、实验和实践的巨大差别、研发漫长的耗时，等等，很快就打消了我们指望科技奇迹发生的念头。

政府间气候变化专门委员会提到过一份报告，这份报告提到了一些可以捕捉大气层中二氧化碳的技术。比如植树造林、退耕还林、通过植树来创造碳汇，而且这些不仅仅是纸上谈兵，同时也得到了实践。一般来说，通过限制过度耕种，使用天然肥料，比如堆肥或者生物炭（植物炭）等耕地管理优化手段，可以促进替代集约农业的农耕技术的发展。海水碱化是通过向海洋中添加矿物质，提高海水中镁、钠、钙的含量，来提高碱度，从而局部提高海水吸收二氧化碳的能力。而向海洋"施肥"则是通过人为增加海洋的营养物质含量来促进浮游植物的生长活动，浮游植物生长过程中可以吸收二氧化碳。

还有一些其他近乎荒唐的项目。比如，有些项目提议通过向云层播撒盐粉来遮蔽太阳，或在太空中放置一张巨大的太阳光过滤层。这些致力于遮蔽太阳光的技术，除了很难实现之外，还有引起终端震波的风险，也就是说突然停止使用这些技术会导致地表温度的迅速上升。还有一些项目提议在两极浮冰上覆盖一层人工冰层来给浮冰降温……

国际能源署署长认为，太阳能和风能是"全球为应对气候变暖，减少大气污染和保证能源供给所做的一切努力的基石"。太阳提供的能源远远超过地球所需能源。此外，太阳能是一种免费的、取之不尽用之不竭、世界各地都可取用的能源。但是，太阳能是一种间歇性能源，不能保证持续的能源产出。基于此，研制能够储存能量的电池，以便在没有太阳照射的时候供能，是我们面临的巨大挑战。但是，抛开电池不谈，光伏发电站技术其实也在不断完善，以便能提高能效。同时，光电的价格也在下降。在过去的 10 年间，光电的价格降低到了原来的九分之一，且风电的价格也从每兆瓦 135 美元降低到了 40 美元。在未来的 10 年间，太阳能的成本有望降低90%，这会大范围影响就业。目前，可再生能源领域只有1100 万个工作岗位，到 2050 年则会增长到 4000 万个工作岗位，相当于整个能源行业的四分之一。

在这种情况下，全世界光电产量从 2005 年的 4 太瓦时①增加到 2018 年的 450 太瓦时，也就不足为奇了。国际能源署预计，到 2040 年，全世界光电产量将会达到7200 太瓦时，略少于风电产量，但会多于水电产量，风电产量预计将达到 8300 太瓦时，水电产量则预计会少于 7000 太瓦时。使用太阳能是最有望助力非洲地区实

① 1 太瓦时等于 10 亿千瓦时。

现低碳发展的方法之一。并且值得欣喜的是那些生态足迹沉重的海湾国家（如沙特阿拉伯、阿拉伯联合酋长国、卡塔尔等国）也开始投资数十亿美元来发展清洁能源。

我们探讨科技问题时，经常提及碳固存技术。现在主要有两种碳固存技术。第一种是自然固碳，这要求我们致力于保护和发展现有碳汇，比如森林、土地以及海洋等可以吸收大气中二氧化碳的自然碳汇。瑞士联邦理工学院在 2019 年发布的研究表明，从理论上讲，全球超过 10 亿公顷的土地（相当于中美两国的国土面积之和）都可以重新进行植树造林，足以固存超过 2000 亿吨二氧化碳。就算植树造林本身也存在一些科技上的限制，大规模植树行动也明显是有益的。瑞士联邦理工学院的这项研究解释道，种植的树木大概需要几十年的时间才可以起到充分吸收二氧化碳的作用。并且如果植树行动涉及个人私产、自然保护区或者是城市规划区域时，常常会遇到一些复杂的法律问题。联合国粮食及农业组织在 2017 年发表的一份报告指出，"气候条件和土壤结构会制约土壤固碳能力"，并且气温升高会导致土壤中二氧化碳的加速释放。总的来说，植树造林是一条可行的出路，尽管益处多多，但也不能忘记脱碳才是首要任务。

另外一种碳固存方式是吸收和存储碳的技术，或者说是碳捕获与封存（CCS）技术。这种方式的目的是直接从大气中吸收碳，从地质结构中捕获碳，或向海洋中添加矿物质，促进浮游植物的生长来消耗碳。在石油工业领域，可将捕集到的二氧化碳注入油田中，以提高石油采收率，从而减少碳排放。国际能源署表示，目前在这些领域，注入的大部分二氧化碳来源于天然的地下二氧化碳气田，但我们现在谈及的是现存碳汇，这就有些自相矛盾了。

人们对碳固存技术抱有很大期待，将碳固存看作解决煤炭问题，以及大规模减少工业（炼钢厂、水泥厂、炼油厂，等等）二氧化碳排放的方法。近些年来，随着太阳能和风能成本的降低，碳固存不再被当作工业和能源领域脱碳的唯一方法。其实，大多数捕集二氧化碳的技术目前仍停留在初级阶段。这些技术需要巨额投资，并且面临着失败的风险。政府间气候变化专门委员会2018年的报告显示，专家们认为碳固存技术并没有发挥预期作用，他们甚至认为依赖这项技术可能会增大无法将温度升幅控制在1.5摄氏度的风险。第21届联合国气候变化大会发起了"创新使命"，并且将碳捕获与封存技术列为该使命需应对的八大挑战之一。2019年，全世界有 19 个相关项目正在开展，每个项目每年大概能够封存 100 万吨二氧化碳，相当于每年一共封存 2000 万吨二氧化碳。但定下的目标是，到 2050 年封存 50 亿吨二氧化碳，也就是 2019 年封存量的 250 倍。根据我们目前对碳捕获与封存技术的了解，这项技术的确很有趣，但并不能完全指望这项技术。在任何情况下，碳固存技术都不能避免碳排放，只能致力于中和碳排放。

接下来，我不会陈述核能悠久的发展史，尤其在法国，核能是人们争论的焦点，我不想参与到相关的争论中，只想在此回顾一些引起争议的说法。首先，核能不会排放二氧化碳[①]，这一点和能源独立一样重要。但是，核能也有一些众所周知的问题，比如核废料的存放问题、安全问题、工业技术的掌握和成本的控制问题。在过去，法国就选择了大规模依靠核能，所以法国的二氧化碳排放量较低。不论是从短期还是中期来看，法国都不可能摒弃核能。但是基于上述提到的问题，法国会选择逐渐并明确地减少核能在其能源结构中的占比。

国际能源署在 2019 年 5 月发布的总体报告中的结论也值得关注。这些结论显示，截至 2019 年 5 月，全世界共有 452 个核反应堆正在运作，核能发电量占全球总

---

① 最新数据显示，69%的人认为核能会排放二氧化碳。

发电量的 10%。国际能源署估计，自 1971 年以来，核能使得全球二氧化碳排放量减少了 630 亿吨。根据研究模型，能源结构无核化转型是可以实现的，但是要付出一定代价。报告写道，需要"大力"支持风能和太阳能的发展，并且需要消费者能够接受电费的上涨。考虑到核能在其能源结构中占比之大，法国的能源转型成本将会非常高。我们可以把这些结论和 2019 年版《世界核能产业现状报告》得出的结论进行比较，2019 年版《世界核能产业现状报告》的其中一章将核电作为应对气候变暖的工具做出评估。报告尤其强调了在面对紧急气候危机时，建造核电站需要一定的时间。同时强调了在过去的10 年间，太阳能和风能的成本大幅下降，而核能的成本却在上升。最后得出的结论是，相比起核能，使用其他能源每年可以减少更多的碳排放量，且成本更低。我们可以看到，关于核能的争论远未结束。

在快速概览了相关科技之后，接下来我想强调一种具有诸多优点的能源：氢能。专家们按照生产来源将氢能分成了不同类别：通过电解水产生的氢能是"绿色氢能"，通过甲烷以及碳捕获技术产生的是"蓝色"氢能，还有"灰色"氢能（产自甲烷但不使用碳捕获技术）、"褐色"氢能（产自褐煤）以及"黑色"氢能（产自煤炭）。

氢能的大规模发展主要取决于 4 个因素。第一个因素是成本，使用低碳能源生产氢气成本高昂：国际能源署预计到 2030 年，氢能的成本可能会降低 30%。第二个因素是基础设施：相关基础设施建设缓慢。第三个因素是生产来源：目前氢能主要产自天然气和煤炭。第四个因素是法规：氢能相关的法律规定不够明确，并且在不同国家和不同行业规定不同。国际能源署建议在氢能的安全性、氢能的存储和其对环境的影响等方面制定统一的国际标准。

早在 20 世纪 70 年代，氢能就被认为是石油的替代能源。20 世纪 90 年代，日本、加拿大以及欧洲再次提出发展氢能。2000 年，氢能汽车问世，但是因为销售渠道不足，并没有引起很大反响。从理论上讲，氢能结合了石油和电能的优势。氢能可以在任何地方生产，且来源广泛。氢能有很多用途，可以用于驱动汽车、公共汽车、火车等，并且氢能可以进行储存与运输。综上所述，氢能可以使许多国家摆脱对化石燃料生产国的依赖。麦肯锡管理咨询公司在 2017 年发布的《氢能源市场发展蓝图》中预计，到 2050 年氢能将会占全球能源总需求量的 18%，且能使全年的二氧化碳排放量较现在减少约 60 亿吨。氢能项目正在世界范围内开展，许多氢能大型项目正在落实。目前在日本，已有 25000 辆氢能汽车上路行驶，到 2030 年预计将会有 80000 辆。在中国，到 2030年，预计将会有 100 万辆氢能汽车。而在氢能汽车的发源地——加利福尼亚州，到 2030 年，预计将会有 100 万辆氢能汽车上路行驶以及 1000 座加氢站落地建成。法国的 2020 经济复苏计划也把发展氢能列为首要任务之一，并定下了在 2035 年推出"绿色飞机"的目标。德国也在 2020 年 6 月制定了国家氢能战略，将投入 90 亿欧元发展氢能，以期成为全球氢能领域的领导者。[①]国际能源署署长认为，"世界应该抓住这个独一无二的机遇，让氢能成为未来清洁安全的能源体系的重要组成部分"。在建设低碳社会的过程中，氢能这一王牌能源将会得到大规模应用。

快速分析一下目前的创新领域就会发现，即使大力支持新兴科技的发展，在短期内，科技也不会为气候问题带来奇迹般的解决方法。但我们仍应大力鼓励创新，且不应把创新视为一道"免疫屏障"，或是将创新当作一

---

① 欧盟委员会在 2020 年 7 月推出了一项雄心勃勃的氢能发展计划，以实现到 2050 年达成碳中和的目标。欧盟委员会认为，"氢能将会在未来发挥关键作用"，并且提到了氢能相关领域，包括钢铁行业、航空及航海燃料领域、重工业以及电池和能源存储领域。

种借口，去逃避当下或将来应当承担的责任。科技可以取得预期的进展，但这并不意味着我们不需要在其他层面上采取行动。

关于"负排放"，也就是将二氧化碳从大气中抽取出来的技术，欧洲科学院科学咨询理事会认为这项技术"实际的二氧化碳抽取效果是有限的，并且规模也不像政府间气候变化专门委员会的气候模型预估的那么大"。同样，政府间气候变化委员会的专家成员瓦莱丽·马森-德尔莫特（Valérie Masson-Delmotte）认为，"负排放仅在理论模型中是有效的，它在可行性和风险方面都存在着很大的问题"。为了应对气候变化的挑战，我们必须大力支持科技领域的创新和研究，但不能顾此失彼，当务之急还是要减少人类活动造成的温室气体排放量。

正是因为许多提到过的新兴科技都是建立在数字技术之上，这些结论才显得更有说服力。然而电子污染本身的二氧化碳排放量一直以来都被严重低估了。能源转型项目组织（The Shift Project）就此发布了一项有趣的研究，该研究是能源转型项目组织和法国开发署合作完成的。研究结论显示，数字产业的碳排放量占全世界温室气体排放总量的 3.7%。到 2025 年，这个比例可能会翻倍，达到 8%，而航空业的碳排放量占比只有约 2%。

　　"电子污染"一方面来源于电子产品的制造,它们的数量越来越多,功能也越来越强大。首先,电子产品原材料的开采和加工会造成严重的污染。比如,生产电池所需的稀土就会造成污染物的排放并且会消耗大量的水。高科技产品的回收利用率低,这也加重了高科技领域的生态足迹。此外,使用电子设备和通信基础设施也会排放大量二氧化碳。经计算,一个拥有100名员工的企业或者行政机构一年内发送电子邮件所排放的二氧化碳,相当于在巴黎和纽约之间往返飞行 14 次的碳排放量;发送一封附带 1 兆大小附件的电子邮件的耗电量,和一个灯泡亮一个小时的耗电量相当;仅就观看在线视频来说,每年排放的二氧化碳就超过 3 亿吨。

　　数字产业的碳排放分布情况大致如下:消费类电子产品的碳排放量大概占总排放量的二分之一,通信基础设施占四分之一,数据存储中心①占另外的四分之一。仅数据存储中心的能源消耗量就占全球能源消耗总量的4%,消耗的能源主要用于冷却服务器。从 2025 年开始,数字产业的耗电量将会至少占据全球总耗电量的20%。只有信息技术企业和消费者共同努力才能够减少电子污

----

　　① 数据存储中心是全球协作的特定设备网络,用来在互联网基础上存储传递数据信息。

染，但这种努力却鲜被提及。不论是个人通过简单的行为，为了减少使用数字化工具所付出的努力（比如少发送电子邮件、减少电子期刊的订阅数，等等），还是数据中心做出的向免费制冷模式靠拢的选择，即利用外部的冷空气（比如芬兰的谷歌数据中心、瑞典的脸书数据中心）或地下水来进行降温的方法，这二者都同样意义重大。不管是在线视频、物联网、人工智能的应用还是加密货币等数字技术，都会消耗大量能源。目前，数字技术是新兴科技的核心，电子商务兴起和各种应用上线，也推动了它的发展。疫情期间在"隔离"政策出台后，数字技术也得到了更多的支持。此外，科技巨头公司的领导们，常常也是气候行动的坚定支持者，也和他们的员工们一样在鼓励数字技术的发展，所以数字行业应该，也必须尽快在能源方面，尤其是在温室气体的排放上，取得重大突破。

　　总之，不要忘记这个惊人的数据：如果互联网是一个国家，其用电量将会排在全球第五位。

6

气候金融

对碳定价，意味着社会决定将减少碳排放量作为首要任务。这类似于高价土地发出的信号。当曼哈顿市中心的一块土地以高价出售时，这块土地发出的信号是这里不适合修建高尔夫球场。给碳排放定价，发出的信号是排放二氧化碳危害环境，必须减少碳排放量。

——威廉·诺德豪斯

诺贝尔经济学奖得主

"如果气候是一家银行，那么我们早就解决气候问题了。"

这个带有挑衅意味的标语并非全无道理，它使我们注意到金融对现代社会的总体影响，以及绿色金融潜在的巨大影响力。绿色金融的目标是通过引导投资来促进可持续经济活动的发展，同时强调气候变暖对金融市场

的潜在影响。在这方面，有一点很明确，那就是不作为
的代价比积极应对的成本更高。

国际可再生能源机构（IRENA）总部位于阿布扎比，
共有 161 个成员国，主要负责协调可再生能源领域的相
关行动。该机构计算了在未来的 10 年里，为了保障所谓
的"气候安全"，每年可再生能源领域需要的投资额。该
机构认为，在太阳能、风能、水力发电等领域的投资额
至少需要翻倍。到 2030 年，可再生能源将会为全球提供
57%的电力供应，而目前这个数字是 26%。这意味着本
来应被投入化石能源项目中的数万亿美元，很大一部分
会被投资到可再生能源领域。假设在可再生能源领域，
全球每年需要的总投资额平均大概是 15000 亿—16000
亿美元，那么其中一部分投资资金应该来自化石能源领
域，也就是说需要把化石能源领域的投资进行重新分配，
投入可再生能源领域和能源效率方面，当然其他的投资
资金来源也是必不可少的。

全球绿色债券（green bonds）的发行规模已经达到
了几千亿美元，到 2021 年预计将达到 1 万亿美元。早在
2001 年，为了资助太阳能发电的发展，旧金山发行了一
支绿色债券。世界银行和欧洲投资银行分别于 2007 年
和 2008 年发行了首支绿色债券。绿色债券市场在几年

内取得了显著的发展。企业、银行以及国家纷纷贷款来投资相关项目。目前，全球三大绿色证券发行国分别是美国、中国和法国。摩根士丹利投资银行研究了2004—2018年间的1100笔投资，研究显示绿色投资的收益并不比其他投资的收益低。除了绿色债券之外，整个绿色融资体系，包括融资工具和融资方都取得了发展。从广义上讲，"可持续金融"越来越多地覆盖到环境、社会和公司治理（ESG）等方面。

绿色融资面临的重要问题之一，就是相关项目都必须通过绿色项目认证①。其实在这方面，我们已经取得了一些进展。企业以及企业的领导者们越来越关注绿色融资的收益，既是为了保护环境，也是为了规避因自然灾害造成资产损失的风险、错过能源结构转型的金融风险，以及因为其所采取的行动或不作为而产生的法律风险。很早以前，我就已经认识到了金融在气候问题中扮演着关键角色。

在巴黎气候大会举办一年前，每周我的团队都会开例会，在当时，我认为有必要在协定中增加一条关于金

① 除了绿色债券这种通过规定发行方行为义务来应对气候变暖的债券之外，还有与可持续发展挂钩债券（SLB），此类证券会明确结果义务，以更好地激励发行方和鼓励投资方。

融数据的内容。虽然当时离得出结论还很远，但关于协定内容的商讨在不断地取得进展。我习惯将我们当时的任务比作雕塑的雕刻过程：一开始，雕塑家手里只有黏土块，他会先大致塑形再进行组装，之后再精雕细琢，一件雕塑作品才慢慢成形。我们当时还没到组装这一步，离最后的成形就差得更远了。这时就需要我们之前建立的全面外交发挥作用了：所有的大使都被动员了起来，他们集体工作取得的成果令人称赞。但是，我们那些驻发展中国家的大使却一直有个担忧，那就是资金问题。其实，这些国家都会或多或少地关注气候问题，但是当与这些国家的领导人（尤其是南非、孟加拉国、埃及、印度以及印度尼西亚的领导人）就气候问题进行深入交流时，他们的反应都是相同的：如果没有足够的资金支持，他们就不可能为应对气候变暖采取有效行动。也就是说，如果发达国家承诺的每年 1000 亿美元的投资得不到落实，那么巴黎气候大会很可能无法取得令人满意的成果。

　　于是，出于谨慎，我向我的团队提了一个简单的问题："关于承诺的 1000 亿美元，现在进展如何了？"但是并没有人能回答这个问题。"怎么会这样呢？"我又问道，"从 2009 年开始，我们就一直致力于实现到 2020 年向发展中国家资助 1000 亿美元的目标，这笔资金很可能就是第 21 届联合国气候变化大会能否取得成果的关键所在,而我们竟然还不知道目前具体的数字,也不知道进展如何!"当时我担任经济和财政部部长。我知道在其他国家的财政部部长不在场的情况下,谈论这些话题并不是一个谨慎的做法,并且也无济于事。但当时的情况是,有一个紧急的漏洞亟待填补。经济合作与发展组织为了填补该漏洞,进行了非常出色的工作。在国际货币基金组织于利马召开的一次会议期间,我们聚集了其他国家的财政部部长来深入评估和探讨这个问题。最终我们取得了足够的进展,保证相关金融数据清晰明了,不会影响到《巴黎协定》的签订。当时得出的结论放在今天比以往任何时候都更加贴切:金融活动对于气候变化有着深远的影响,反之亦然。如果不在金融领域进行深刻的变革,那么气候问题永远得不到解决。

基于来自全球主要经济和金融集团的数据,国际组织碳排放信息披露项目(CDP)预计,如果没有新冠疫情,那么在未来的 5 年间,气候变暖可能会让这些集团付出高达 1 万亿美元的代价。这些代价可能和开采成本的上升有关(尤其是碳定价以及气候变化造成产能下降,进一步导致收入减少)。反过来,这些公司也将会获得新的机遇,由此带来的收益将超过 21000 亿美元,比如可再生能源领域的投资或电动汽车的需求增加带来的新机遇。尽管我们要谨慎地看待这些数字，毕竟这些数字是在 2020 年经济大萧条之前估算的，但是这些数字反映了气候和金融之间是紧密联系且相互作用的，气候可以给金融行业带来一定的风险，但同时，在气候领域采取有效行动，也可以给金融行业带来利益。

英国基督教救援组织估计，2019 年，在气候变化引起的自然灾害中，有 15 起造成了超过 10 亿美元的损失，其中 7 起甚至造成了 100 多亿美元的损失。在提到这些巨额损失时，该组织还对可能出现的气候金融泡沫发出了警告。实际上，从碳经济向低碳经济的转型一定会导致化石能源相关资产的贬值。该贬值迟早会体现在相关企业的资产负债表上或投资基金的组合上。如果不尽一切努力去缓和局势或进行调整适应，不去谨慎地规划、准备、支持低碳经济转型，那么就会有产生金融泡沫的巨大风险，有些人甚至认为这可能会引发比 2008 年更严重、破坏性更强的金融危机。

马克·卡尼（Mark Carney），时任英国中央银行行长，他于 2015 年 9 月在伦敦的一次相关主题演讲中，对于这种风险进行了最为清晰的分析。在提到短期压力和长期要求之间的矛盾（他称之为"视野的悲剧"）时，卡尼行长描述了气候变暖以及气候变暖造成的后果所带来的巨大金融风险。他指出，气候变暖直接造成的破坏、保险机制及低碳经济转型会造成十分严重的资产贬值，并且该贬值应当记录在资产负债表中。他提出了一系列建议来避免或者减少"气候泡沫"造成的损失。现在看来，当时的预测似乎已经成为事实。2020年，许多石油巨头开始重新审视他们的石油项目，因为石油项目的成本高昂，且在低油价的大背景下营利能力有所下降。很显然，低油价和高碳税有利于低碳投资的发展。

总之，由于气候变化的影响，加上越来越令人担忧的风险分析以及舆论的压力，金融行业已经开始向"可持续金融"转变，与这一点有关的几个方面我在本章的开头部分也提到过。这一转变包括两个层面，首先要加大对绿色产业的投资，其次要减少对污染行业以及对污染企业的投资。"环境、社会和公司治理"（ESG）评级体系正在发展，该体系在主权财富基金和养老基金等长期投资领域也占据着越来越重要的地位。虽然"可持续金融"尚未成为一个普遍法则，但其影响力正在扩大。此外，越来越多的创新举措及倡议也逐渐涌现出来，其中不乏令人耳目一新的倡议。比如，一家大型银行承诺不再向煤炭发电厂以及那些部分营业额来自煤炭发电厂的企业提供资金。另一家大型银行则引进了生态奖惩制度，以鼓励其客户投资碳排放量少的产业。不论是非政府组织、投资方、评级机构还是监管机构都在向大型企业施压，以鼓励或者迫使这些企业重视这一新形势。越来越多的国家以及国际组织也将做出承诺，把对生态环境有益作为提供资金援助的条件。可能过不了多久，储户就能够"追踪"自己的存款的去向，以切实地推动银行业务的绿色化。

那我们可以断言所有企业的软件、所有银行的业务模式都发生了巨大改变吗？刚刚提到过的马克·卡尼在2020年被任命为联合国气候特使，他总结了目前制约转型的因素："对于每个企业、金融机构、股票经纪人、养老基金或保险公司来说，问题都是相同的：您的计划是什么？……目前确实已经开始转变了，但是进展得还不够快……我担心在未来的 10 年里仍然只取得一些虽然值得称道但却远远不够的进步。"

要想更快地取得更多进展，就需要详细且彻底地统计那些符合《巴黎协定》要求的项目。管理着 90 亿欧元养老金的英格兰国教会，在 2020 年宣布，将新制订一个符合《巴黎协定》目标的股票指数。许多人建议，甚至命令企业的领导者们"绿化数十亿欧元"①。欧洲议会也在朝着这个方向努力，并正在着手建立欧洲可持续经济的"分类标准"。当然还有很多难题摆在我们面前：天然气项目、核能项目是否属于可持续项目？……更广泛地讲，如何在不抬高碳价的情况下，用一种不同的整体思路来改变市场经济的一个重要方面？这就涉及了一些核心问题，且答案并非显而易见。

我们也必须认识到目前存在着许多不作为、"漂绿"或者说是"生态洗白"的现象。尤其是那些煤炭和石油领域的巨头，它们并没有向人们展现出迅速做出改变的决心。美国气候责任研究所的一项研究显示，近 50 年来，石油、煤炭和天然气领域最大的 20 家企业排放的二氧化碳量超过了全球碳排放总量的三分之一。即使这些企业的大多数领导者们改变了他们的说辞，即使他们将煤炭（负面印象）、石油（存在争议）和天然气（据他们

---

① 越来越多的大投资商对企业施加压力，特别是在能源领域。资产超过 1 万亿欧元的挪威主权财富基金决定撤资与煤炭相关的公司。欧洲资产管理巨头阿蒙迪（Amundi）公开质疑了欧洲第一大煤炭生产商德国能源企业莱茵集团的战略，因为该企业不符合《巴黎协定》的目标，阿蒙迪是该德国企业的股东。

所说有许多优点）加以区分，许多企业仍继续大力投资化石燃料，但在可再生能源领域的投资却少之又少。说到银行业，许多银行已经意识到了改变的必要性。但根据非政府组织乐施会（Oxfam）在 2018 年末发布的报告，自第 21 届联合国气候变化大会以来，银行其实减少了在绿色能源领域的投资，反而增加了在化石能源领域的投资。根据几个非政府环保组织的统计数据，在 2017—2019 年间，我们在煤炭相关的项目中投入了大约 7450 亿美元。中国和日本的几大银行，以及一些大型的美国银行和欧洲银行仍在投资的煤炭项目还有 1000 余个，如果这些项目顺利完成，那么煤炭发电站的数量将会增加约 30%，这不仅有悖于《巴黎协定》的要求，也完全不符合联合国秘书长的相关建议。①

即使绿色金融取得进展，棕色金融仍会继续发挥影响力。

在这些方面，我个人认为有两点是可以确定的。第一点是，只有得到大量和多形式的投资，应对气候变化

① 自 2016 年中国人民银行等七部委发布《关于构建绿色金融体系的指导意见》，我国不断推动绿色金融体系建设，绿色金融各项制度持续完善，绿色信贷制度日趋完备，绿色融资市场制度快速发展，绿色金融标准建设也取得重大突破。——译者注

的战略才能够行之有效并得到推广。目前，非洲国家的总人口占世界总人口的 65%，但是其温室气体排放量仅占全球总排放量的 4%，大多数非洲国家都面临技术和资金短缺的问题：如果我们不向非洲国家提供技术和资金支持，如何才能动员这些首当其冲的受害者去应对气候变暖呢？这也就是为什么要将遵守承诺作为一个绝对前提。这个承诺是在 2009 年哥本哈根世界气候大会上做出的，之后又被明确纳入了《巴黎协定》，其内容是，在 2020 年之前，发达国家至少要向发展中国家提供每年 1000 亿美元的资金援助。在 2025 年之前，将对援助金额进行重新评估。如果这项援助得不到落实，那么应对气候变暖的国际战略以及动员发展中国家应对气候变暖都很可能会失败。

该资金援助必须同时调动民间资本以及公共资本。我之前提到过，绿色金融领域的民间资本投资越来越多，这种投资既有益于社会，又能获得收益，所以应该欢迎和鼓励民间资本进行投资。同样，公共资本也是必不可少的，因为有些为缓解气候变暖或为适应气候变暖所进行的必要投资，是无法获得收益的（至少不是立即能获得收益）。比如，完善极端天气预警系统非常必要，这就需要公共资本的投入。另外，许多基础设施（堤坝、桥梁、交通……）的现代化也需要公共资本投入。现在，在全世界推行的"绿色计划"，从整体上看，也是公共设施的重要组成部分。克服了启动困难，于 2019 年末再次融资以填补美国撤资后空缺的绿色气候基金，就是调动公共资本的一个有效渠道。即使一共仅筹集到 100 亿美元，但该基金仍资助了发展中国家的许多项目。同样在欧洲，地方、国家以及欧盟的财政预算，还有欧洲投资银行和许多公共机构的投资都越来越"绿色"了。

第二点我可以确定的是，如果要以金融手段助推低碳社会转型，就必须双管齐下。一方面，减少甚至取消对化石能源的补贴，这个手段得到了越来越多的认同，这也正是联合国秘书长提出的工作方针之一。目前，全世界对化石能源的补贴高达 3000 亿美元。出于一些显而易见的社会和经济原因，我们需要谨慎地分阶段来减少或取消该项补贴。但是，仅就取消补贴这一项而言，如果在 2020 年得到落实，就能够完成《巴黎协定》规定的减排目标的 10%。

另一方面，大部分经济学家认为，碳定价是一个非常有效的手段，或者更确切地说，可能成为一个非常有效的手段，因为进行碳定价时，往往会把碳排放造成的

"负面外部效应"考虑进去。定价方式有多种。目前我们已知的是，为了能够有效减少碳排放，就要定下一个合理碳价，以打消企业使用化石能源的念头，从而鼓励企业和消费者去支持新能源的发展①。同样我们也认识到，该"价格信号"必须覆盖尽可能广的领域。这就是为什么我们强烈提议取消某些领域的免税政策，比如航空领域。但是，法国"黄马甲"运动的例子表明，必须谨慎地征收碳税，且征收碳税必须考虑到"公正过渡"的相关方面。同时，为了避免国际竞争对已实施该政策的国家不利，必须尽量将碳定价和各国打击生态倾销的应对机制结合起来。我会在之后谈到中欧理想合作伙伴关系时，再进一步阐述这点。这些都是现实中摆在我们面前的难题。不过，人们对碳定价越来越感兴趣，它的价值在于其释放的"价格信号"可以将应对气候变暖的总体战略和市场机制结合起来。

　　接下来看看法国的现状。法国税收理事会在 2019 年 9 月发布了一份报告，该报告审查了"为应对气候危机的生态税收制度"。在提出的主要方针中，理事会提议首

---

　　① 世界银行估计，为了完成《巴黎协定》规定的目标，2020 年的碳价至少应该定在每吨二氧化碳 40—80 美元。但目前，墨西哥的碳价是 1 美元，瑞典的碳价是 120 美元，欧盟的碳价大概在 25—30 美元。

先要"重新回到征收高碳税的路线",并通过不断扩大征税范围将其纳入中期及长期发展路线。理事会还建议"自动征收碳税",以便于和能源税区分开来。同时强调了将碳税制度和"直接补偿受影响最大的家庭的政策"相结合的必要性。并建议确保该项税收的使用是公开透明的,以及支持在欧洲对那些不进行环境合作的国家征收统一的进口关税。最后,理事会建议取消国际航空和国际航海领域的能源税减免政策。当然,这些方针的实施肯定会遇到诸多困难,但它们值得我们去了解和探讨。

发展气候融资是必不可少的,但也是困难重重的,除了技术层面上投资和定价的复杂性外,还有一个深层次的原因。经济学家米歇尔·阿格列塔(Michel Aglietta)对此进行了很好的总结:"这些巨额投资通常涉及大量资本,并且面临着科技、生态和政治上的风险。考虑到气候问题的演化是长期性的,所以就算不进行气候投资,产生的不利甚至是灾难性后果在现阶段也并不会影响到这些投资者的决策,所以在气候领域进行长期投资就遭到了他们的抵触。"她还强调道,"这个社会的悲剧就是只考虑当下,无法展望未来。"

为未来做准备,却只考虑当下,这就是对"视野的悲剧"最好的解释。但这不正是领导者们需要去解决的难题吗?

7

公正过渡

全球气候变暖的第一个后果是加剧发达国家和欠发达国家之间的不平等，同时也会扩大发达国家内部人民之间的差距：有的人能应对气候变暖，有的人却不能。

——让·儒塞尔

气候学家，法兰西科学院院士

"TFJ"三角的"J"，指的就是公正、正义。

在《巴黎协定》谈判期间，我个人坚决要求将"气候正义"一词明确列入其中。随后，我们将它写入了序言和正文中。无论是个人、社会群体，又或是各个行业、地区和国家，在面对全球气候变暖及其带来的后果时，都是不平等的。全球气候变暖加剧了不平等现象，而加剧的不平等现象又使气候变暖问题更为严重。那些最脆弱、最容易受到气候变化影响的人群和地区，往往也是应对能力最有限的。如果我们忽视气候问题的社会层面，那么这些问题恐怕难以得到解决。而"公正过渡"一词就恰恰与这一诉求完美契合。它其实有两层含义——"公正"和"过渡"，但很遗憾，当我们落实政策时，有时会顾此失彼，忽略了二者之一；甚至有时，我们连其中一个方面都没能顾及。

"过渡"：气候变化并不是如同从白天过渡到黑夜般，突然从一种状态过渡到另一种状态的。气候变化是一个过程，这个现象带来的恶果虽然未成定局，但已日益紧迫。因此，为有效应对气候变化，我们应在协商中明确起点、设立目标、实施步骤、做出承诺，并且评估最终结果。显然，《巴黎协定》遵循的就是这样的路线。简而言之，为了使这个"过渡"真正有效，所有的决策者——从私营部门到政府部门，从地方到国家，甚至整个国际层面都必须明确目标和节点，对它们进行定期评估，并公布结果。

同时这个"过渡"还必须是"公正"的。

这里我想通过两个截然不同的例子来说明何为"公正过渡"。2019 年底，国际能源署专门对非洲的能源情况进行了研究。该研究显示，非洲国家的温室气体排放量非常少，然而这些国家却很可能成为，或者说已经成为全球气候变暖的主要受害者。如今，有 6 亿非洲居民用不上电，80%的企业仍受到停电的困扰，80%的家庭靠木柴生火，甚至用液化石油气烧火做饭，严重影响人体健康。如果不为非洲大陆制定特别战略，到 2030 年将会有 5 亿多非洲人民仍然用不上电。只有少数国家（埃塞俄比亚、加纳、肯尼亚、卢旺达、塞内加尔、南非）能完全保证电力供给。两年后，非洲将成为世界上人口最多的大陆。这些新增非洲年轻人口的能源需求十分关键，在未来 20 年，这一需求的增长速度将是世界平均水平的两倍。在这种情况下，我们能否通过一个"公正过渡"回应他们的需求，将会改变非洲以及世界的能源、经济和社会的未来。

国际能源署就非洲"公正过渡"的所需所愿做了进一步阐述。面对日益增长的需求，如果非洲能按照"能效—可再生能源—天然气"三角模式采取行动，这片大陆完全可以成为独一无二的成功典范。截至目前，在这片太阳能资源丰富的大陆上，已安装的太阳能光伏装机容量还非常小，甚至还不到世界装机容量的 1%。如果能得到每年高达 1200 亿美元的投资用以支持非洲能源建设，且这笔投资一直持续到 2050 年（其中 50%的投资用于电网建设），那么非洲大陆将会在能源方面取得丰硕的成果。国际能源署以肯尼亚和加纳为例进一步补充道：5 年前，只有四分之一的肯尼亚居民能用上电；而今天，这一比例超过了四分之三。在加纳，预计所有居民在未来两三年内都能用上电。所以，只要得到大量资金支持，特别是来自富裕国家的投资，非洲大陆就能成功实现过渡。然而，目前大多数非洲人民的普遍看法是这些富裕国家说得多、做得少。

另一个寻求"公正过渡"的例子是德国，他们采取的做法完全不同：德国决定淘汰煤炭。此前，德国就曾宣布将在 2022 年淘汰核能。现在为了减少二氧化碳的排放，该国决定在 2038 年淘汰煤炭发电。要知道今天德国有超过三分之一的电力都来源于煤炭发电（法国只有 3%）。可见这是一个多么艰难的决定。煤炭与工业发展联系紧密，在德国的鲁尔盆地更是如此。煤炭和褐煤的生产不仅关系着德国众多区域的发展，也关系着数以万计与之或多或少相关的工作岗位。所以我们必须要为相关地区和该地区的劳动者们找到具体的解决方案，既要避免电价猛涨，保持竞争力，又要在能源领域找到可行的解决方案，将大幅减少二氧化碳排放、维持合理的电价以及确保消费者和国家的安全这三者协调起来。德国制定计划的具体细节在此我不做赘述。有些人本来希望德国能制定一个更雄心勃勃的计划，认为目前这个计划略显平庸，但其实其中有两方面已是可圈可点。首先，与所有合作方的沟通和协商是促成该计划达成的关键之一，因为所有决定都是经过各方长期协商沟通，尤其是在全国委员会好几个月努力工作之后才得以通过的。另外，德国政府将提供至少 400 亿欧元来支持这次过渡，不过并不是每个州都能得到此等规模的资金资助，这一点稍显可惜。

在起草《巴黎协定》时，我们的中心思想是使得各行业、各地区都通过"公正过渡"或"气候正义"这两个概念采取必要行动来适应和应对全球气候变暖。这主要涉及为那些因为煤矿场关闭而下岗的员工提供再就业的机会，或者在该地区组织集体转产。我们可能还需要调动资金，用以重建被飓风摧毁的住房和设备。在卡托维兹举行的第 24 届联合国气候变化大会就在这些方面取得了进展，《团结和公正过渡西里西亚宣言》也于 2018 年底宣布通过。现在要明确的一点是，无论采取何种方式，行动的开展都需要建立在与整个社会内部紧密对话的基础上，并需要对相关员工进行充分培训。为了避免全球气候变暖带来不可承受之后果，避免贫富之间出现真正的"气候种族隔离"，这样的措施必不可少。

正是为了警醒公众，联合国赤贫问题特别报告员菲利普·奥尔斯顿（Philip Alston）才在 2019 年提交给联合国人权理事会的报告中，选用了"种族隔离"这样一个语气很重的词。在报告中他指出："过度地信任私有部门会采取行动，有可能会导致出现气候种族隔离的情况。在这种情况下，富人能通过花钱来躲避极端高温、饥荒和暴力冲突，而世界上的其他人将不得不忍受折磨。"他还列举了一些在面对全球气候变暖时出现的明显社会不平等的例子，接着对此提出严肃警告："各国过去一直无视科学界的警告，曾经我们认为全球气候变暖是灾难性的，但现如今看来如果一切的后果仅仅只是'变暖'的话，那这就是所有可怕后果中程度最轻的一种了。"

近年来，"公正过渡"这一概念得到了进一步发展。在 2015 年发表的一份有趣的研究报告《碳与不平等：从京都到巴黎》中，经济学家卢卡斯·钱斯尔（Lucas Chancel）和托马斯·皮凯蒂（Thomas Piketty）特别强调了各个国家内部不同的消费者之间碳排放量的不平等。他们指出，如果按照各国碳排放量来推算，那么可以显而易见地得出各个国家所处的等级排名，于是便可以基于此排名来明确各国的相关责任。但如果从消费角度考虑，并根据个体之间的差异来区分的话，那么最后的排名结果、各自要承担的责任，甚至要采取的行动都会跟着发生变化。据他们的观点，仅美国、卢森堡、新加坡和沙特阿拉伯那 1%的最富有的人每年通过消费行为排放的二氧化碳量就超过 200 吨，比洪都拉斯或卢旺达最贫穷的人的排放量足足多了 2000 倍。这两位经济学家强调，应对全球气候变暖需要筹集足够的资金，并建议把个体的排放量纳入考虑范围，而不是以整个国家的排放量或人均财富作为参考。他们的中心思想是创立一个建立在"个人之间而不是国家之间的公平的原则"之上的筹款机制。为了避免各国推卸责任，《巴黎协定》没有采纳这种机制，但在实现更有一个说服力的"气候正义"的过程中，这种想法的确为我们提供了很多启发，尤其在涉及那些富裕阶层不断扩大的新兴国家所做的贡献方面上。

人们对"公正过渡"的思考和相关行动都得到了进一步发展，也越来越关注气候变化的"社会性"。这一点在 2018 年底爆发的法国"黄马甲"运动中体现得淋漓尽致。法国通过在经济层面对化石燃料的使用施压，也就是通过加征燃油税来应对全球气候变暖，但这样的决定却激起了部分人的愤怒，他们别无其他出行方式可选，还要花更多的钱。经过"黄马甲"运动，各方观察者们已经从中吸取了经验教训。首先，应对气候变化需要一个全面的战略，而且必须向公众明确说明过渡的目的、进程的安排和采取的措施。其次，如果想要让受影响的人群接受这种过渡，就必须与大众进行广泛协商，而且从经济角度来看，所采取的措施必须在经济上是可承受的，这点可以通过落实分级补偿政策来实现。同时，政府征收的款项要覆盖各行各业，所得专款应专用于应对气候变化，这样可以避免让民众感到政府通过压榨他们来填补一个无底洞。此外，还有很多人希望政府在采取这一措施时，也尽可能地减少其他方面的税收。比如采取更加合理的征税和退税的方式，以避免激起民众所谓的"碳暴动"（因为煤炭引发的暴动），力争实现"脱碳红利"。最后，所有这些举措都应在协商一致和公开透明的前提下颁布和落实。

鉴于"公正、正义"这一概念在应对全球气候变暖战略中的重要性，今后在各国做出的承诺（即国家自主贡献，NDC）中应新增加一个层面，一如我们在起草《巴黎协定》时曾设想的一样。这个想法相当好，它旨在使得每个协定签署国所做出的承诺中都包括"公正过渡计划"。非政府组织和工会一直都在强调要关注公正和正义；而今后，为了能更好地反映发展质量，人们也大概

率会重新定义地方、国家和国际经济指标，这与上述对
公正和正义的关注正好高度契合。环境问题与社会公正
是如此密切相关。

8

倒退

不了解真相的人不过是傻瓜，但了解真相却称之为谎言的人则是罪人。

——贝尔托·布莱希特《加利利的生活》

唐纳德·约翰·特朗普（Donald John Trump）于 1946 年 6 月 14 日出生在纽约，他曾是商人和电视节目主持人，并于 2017 年当选美国第 45 任总统。他平日的所作所为使他看起来并不像个圣人，但如果因此要说他是个罪人，那还有一些差距。

当我在人满为患的阶梯教室里进行一场有关气候变暖的报告讨论会时，一个学生毫不犹豫地问我："特朗普做了许多不利于环境的事，他算是一个罪犯吗？"不论是对这个学生还是坐在他周围的年轻人来说，这个突如其来的问题以及他们所期待的回答仿佛显而易见且合情合理。

　　我从司法角度回答了他的问题。我讲到了法律中"罪行"的定义、一个行为或是不作为与其带来的不良后果之间的直接联系、国家的法律与判例之间的区别、现行的国际法在环境方面的局限性以及法学家们和非政府组织针对"生态灭绝"这个概念所做的工作。在回答他的问题时，我突然有一种很奇怪的感觉。就好像，相比起我措辞谨慎的回答，听众似乎对他提出的有批判意味的问题本身更感兴趣，而且在现场，大家并没有对他的问题感到惊讶和愤怒。

　　除了这场有关责任的法律辩论，我还想说的是：在2020年，气候失调现象已经严重到一些领导人，比如现任美国总统特朗普开始对其严重性表示质疑。至于追随他的巴西和澳大利亚领导人也没有为应对气候问题出力。今后，在世界上大多数民众眼中，他们将是一群犯了错的人，甚至会被看作罪人。

　　就在大选前，特朗普还将退出《巴黎协定》作为自己的重点竞选承诺。虽然特朗普在很多领域的决策都令人无法预料，但关于《巴黎协定》的决定他却始终如一。一些人认为特朗普采取的立场所带来的负面影响可以被降到最低，我一直不赞同这种观点。在他们看来，特朗普并不能代表整个美国，因为美国还是有许多地区、城市、大学、大企业和大人物仍旧坚定遵守《巴黎协定》。实事求是地说，他们的确有所作为，而且许多美国人都是"气候的朋友"，比如迈克尔·布隆伯格（Michael Bloomberg）、杰瑞·布朗（Jerry Brown）、莱昂纳多·迪卡普里奥（Leonardo DiCaprio）、简·方达（Jane Fonda）、比尔·盖茨夫妇（Bill and Melinda Gates）、艾伯特·戈尔（Albert Gore）、约翰·克里（John Kerry）、阿诺·施瓦辛格（Arnold Schwarzenegger），等等。我在这里只列举了一些名人，他们都在这场气候之战里起到了积极的作用，他们的作为令人感到欣慰。但是从整体来看，特朗普的选择还是造成了严重的倒退。

　　我们先来看看特朗普的决定在美国内部引起的直接后果。贝拉克·奥巴马（Barack Obama）在任期间通过了"清洁能源计划"，这份计划旨于在遵守《巴黎协定》承诺的前提下，加速进行能源转型。但特朗普却粉碎了这个计划，并为此任命了许多持气候怀疑论的负责人，带来的后果就是系统性的管制放宽、科研财政预算和相关项目叫停、国际上有关气候的资金支持中断。特朗普想要推翻过去的一切，这不是他模棱两可的口头誓言，他为此做出了切实的决策。

举个例子，我收集了特朗普在第一年任期，也就是
2017年在气候方面所做的主要决策。1月24日，这位新
总统刚刚上任，就立刻签署政令继续北达科他州输油管
工程，此工程管道长约1900千米，主要用以运输片岩石
油。两个月后的3月24日，特朗普批准了拱心石
（Keystone XL）输油管线建设项目，以将加拿大艾伯塔
地区石油运向墨西哥湾的炼油厂。3月28日，特朗普对
矿业表示支持并发布了"能源独立"行政命令，要求重
新审查"清洁能源计划"。4月28日，他签署了另一行
政命令，以解禁在北极近海、大西洋与太平洋的石油与
天然气开采。6月1日，特朗普宣布了自己的重大决策：
"为了完成保护美国与美国公民的神圣使命，美国决定退
出《巴黎协定》。"到这里，2017年才过去一半。12月，
特朗普决定大幅削减被视为国家纪念园的两个自然公园
的面积，原本占地54.6万公顷的熊耳国家纪念园的面积
将减少85%；占地76.3万公顷的大阶梯—艾斯卡兰特国
家保护区的面积也将减少45%。最后，在12月29日，
美国北部因受到北极寒潮影响，天气非常寒冷，然而特
朗普在社交平台上又用他一贯富有幽默和同情心的口吻
写道："今天可能是有史以来最冷的新年夜了。或许我们
可以稍微利用一下全球变暖这位老伙计，毕竟在防范全

球变暖的问题上花费了数万亿美元的不是其他国家，而是美国。大家要注意保暖！"

特朗普这场持久的反气候战给其他国家和地区也造成了严重影响。首先我们要清楚，虽然所有国家都签署了《巴黎协定》，但不是所有国家都对此抱有热情，甚至还差得远。直到谈判最后一天的最后一分钟，我们遇到了多少迟疑和阻力啊！的确，有些国家过去并未做出多少努力，现在要走的路也很长。可是在那个时候，一些国家之间，特别是美国、中国、印度、欧洲和法国之间达成的共识是强有力的，国与国之间的政治联合十分强大，所以没有任何国家元首或国家政府能凭一己之力对《巴黎协定》的签署加以阻挠。

现在的美国总统，掌舵世界第一大经济、军事、科技与金融大国，同时也是世界上第二大污染国，但他却否认自己国家曾经做出的承诺，并公开采取充满敌意的态度，让保守和敌对畅行无阻。如果说对《巴黎协定》的明确否决还不能体现其敌对的态度，那么不落实做出的承诺和拒绝进步就是更好的证明。巴西、俄罗斯、日本、澳大利亚、土耳其和一些海湾地区国家都是世界上二氧化碳排放大国，但在 2019 年在大阪举行的 G20 峰会上他们对《巴黎协定》的支持却仅仅表现在口头上。

在许多其他国际会议中我们也看到了这一点。即使这些国家没有明确地退出《巴黎协定》,但他们也不落实协定内容,而且拒绝为取得必要进展出力。这就是目前的情况,而且客观来看是极具毁灭性的。

毫无疑问,2020年的美国总统大选将在环境领域和其他领域起着决定性作用。美国人民不仅是自己国家的主人,同时也应该承担起对地球的责任。我们起码应该思考一下,如果特朗普总统的方针得以延续,这将会在全世界范围内对环境造成多么严重的影响。我们要清楚,如果特朗普在2020年11月再次当选,那么美国彻底退出《巴黎协定》的决定,将会给这一当时达成共识的协定的实施带来多么沉重的一击。但是,如果美国这次胜选的总统愿意重新加入《巴黎协定》,愿意在气候与环境方面有所作为,愿意鼓励其他国家也采取行动,那么局势将会迎来巨大且积极的转变。

大家经常问我,为什么特朗普总统是一位气候变化否定主义者。答案在我看来显而易见。首先,特朗普是一位"反奥巴马主义者"。2015年12月《巴黎协定》和同年7月的伊朗核协议都是奥巴马在任时签订的,特朗普作为奥巴马的对手和继任,再加上他们的竞选宣传都

是围绕这个主题进行的，那么原则上来说，特朗普一旦
当选，就会否定之前奥巴马所签订的协议。特朗普的理
由是为了实现国家能源独立，但是美国经济是否真的会
因特朗普的决策而获益，这一点值得怀疑。煤炭作为选
举中一个很敏感的话题，其实只代表了相关州的一部分
剩余工作岗位，但新兴科技，这个因为特朗普反气候立
场而大受影响的行业，才是举足轻重的。特朗普式"推
理"很好理解：美国作为世界上最大的石油生产国，拥
有丰富的化石资源，所以应该抵制一切影响石油生产、
开采和资源消费的行为。

　　这里还可以参考法国哲学家布鲁诺·拉图尔（Bruno
Latour）更为整体和细致的分析："特朗普在白宫玫瑰园
前，以胜利者的姿态宣布美国退出《巴黎协定》，这是一
份占领其他国家的宣战，届时的占领者不是军队，而是
美国因为保留了碳排放权利而排放的二氧化碳。这是统
治权的一种新的表现形式。"①我们可以找到很多种修辞
去形容特朗普目光短浅的行为，它们充斥着单边主义与
民族主义。特朗普不会改变自己的作风，但或许美国民
众会改变自己的选择……

----

　　① 布鲁诺·拉图尔，《何处着陆》，《发现报》，2017。

时机到来之时,历史学家们将会撰写对美国第 45 任总统的总体评价。总之在气候方面,事实摆在眼前,这任总统所造成的绝不是简单的退步,而是灾难般的倒退。

9

中欧合作

只有想法，没有行动，那想法仅仅只是梦想；没有
想法，盲目行动，那也只是浪费时间。有想法，有行动，
才能改变世界。

——纳尔逊·曼德拉

我永远也不会忘记，2015 年 12 月 12 日在宽敞的巴
黎布尔歇会场里，中国首席谈判代表竖起的大拇指。

当天上午，我把协议草案的最终版本分发给各国代
表，这个版本已经是两周内的第三个版本了。协商中，
我们一般会把有待商榷的内容用中括号框起来，经过我
们夜以继日的协商和我的最终仲裁后，中括号的数量终
于从 1600 个慢慢变成 0 个。接下来，选择权就交到了各
国代表手里，就如同我之前和代表们解释过的那样：要
么选择一起支持这份野心勃勃的折中案文，要么哪怕只

有一个国家，哪怕是那个最不起眼的国家予以反对，我们之前的成果将被全部推翻。

我知道有些国家有反对的想法，于是我拜托了联合国秘书长潘基文先生帮我去说服这些国家代表，这样应该会奏效。而我和中方代表解振华先生早前已经建立了互信关系，鉴于他在另外 4 个国家代表中说话很有分量，我也拜托了他去劝说这 4 个国家的代表们。至于我，除了要和一直难以被说服的美方沟通之外，还要和南非方进行交流，因为南非是"77 国集团"的核心，它的决定至关重要。就在这时，解振华先生朝我走来，他微笑着冲我竖起大拇指，这意味着在这最后关头，我们解决了面前的第一个难题。就在这一刻，我相信我们一定会成功。他的帮助让我相信，中国国家主席也是希望《巴黎协定》能成功签订的，他之前应该已经亲自知会过解振华先生了。

现在，围绕着《巴黎协定》的友好政治同盟已经荡然无存。特朗普退出《巴黎协定》的选择、多边主义式微以及随之在国际关系中抬头的"粗野主义"都打破了协定中达成的共识。现在的关键在于重建一个充满活力的良好国际环境，特别是在气候行动方面。为此，尽管在当下和未来，中国在许多领域是欧洲的竞争者，但中欧的联合行动是不可或缺的，并且我们仍希望美国有一天能重新加入我们的阵营中来。

首先，亚洲大陆至关重要。大部分亚洲国家都在经历人口与经济的迅速增长以及飞速的城市化，这些国家对于气候调节能否成功起到关键作用。预计截至2040年，东南亚地区的电力需求将是现在的三倍，因此许多国家都有修建火力发电站的计划，除了中国、日本与印度以外，印度尼西亚、菲律宾、越南，甚至巴基斯坦和孟加拉国也都有同样的计划。幸运的是，正如我所期望的那样，一些金融机构已经或将会意识到化石燃料存在的风险，因此部分修建计划未能落实。但是火力发电站的数量依然令人担忧。联合国秘书长曾定下目标：2020年后将不再新建任何火力发电站，但是我们还远远达不到这个目标。

印度煤炭储量丰富且成本低廉，因此印度仍然十分依赖煤炭能源。鉴于印度部分城市污染严重，印度总理决心牵头缔结国际太阳能联盟。这个全球性组织旨在降低可再生能源（特别是太阳能）的相对成本，这一举措能够从本质上改善现状，但是结合印度未来的人口增速来看，情况还是不容乐观。但是，就像在许多其他领域那样，中国是环境领域的关键所在。不论是从经济、人口、金融、科技方面来看，还是从中国的国际地位与位居世界前列的碳排放量来看，中国在这场战斗中都占据着举足轻重的地位。我之前也提到过，中国在第 21 届联合国气候变化大会中起到了积极作用，中国政府的这一选择，一方面考虑到了应与高质量发展相符的政治、社会与环境条件，同时也考虑到了国际社会对中国的看法。曾经中、美、欧在气候领域坚定地携手并进，但美国的出尔反尔让这个联盟土崩瓦解，此时就更需要欧洲沉稳且坚定地肩负起责任：中国不是万能的，但没有中国这一切都无法实施。

诚然，中国的经济增长模式带来了一些严重的环境问题。由于人口规模庞大，中国的碳排放量绝对值位居世界第一，中国是世界第一大煤炭生产国和消耗国。仅中国的煤炭消耗量就占了全世界总消耗量的一半，并且中国 60%的能源需求仍要依靠煤炭。因此，关键在于中国不能将自己国内需要解决的问题变成全世界的困扰，中国现在的"一带一路"倡议就面临这个问题。这个宏伟的发展计划旨在资助一些国家进行基础设施建设，那么重点在于，不但要保证这些建设项目不与发展低碳经济和保护生物多样性的目标相悖，还要为这些目标的实现添砖加瓦。"一带一路"能成为"绿色一带一路"吗？

中国政府曾提出将"一带一路"倡议与生态文明建设理念相结合，目前仍在朝着这个目标努力。①

　　中方多次强调会遵守承诺，但是在提高本国环境目标方面还是较为谨慎的。印度也是如此，虽然印度应该可以完成在第 21 届联合国气候变化大会制定的目标，但其实该目标与全球温升控制在 1.5 摄氏度内的目标还相差较远。中国对气候问题十分敏感，但世界需要中国做出宏伟承诺并落实遵守，若要实现这个目标，则需要欧洲在本地区或是在中欧合作框架内也能遵守相应的承诺。原因何在？一方面，欧洲作为一个富饶的大陆若不愿意采取更多行动，很难相信中国会愿意付出更多努力。中国同印度一样，都很重视共同但有区别责任原则②，毕竟国际竞争对于所有国家来说都很重要。另一方面，如果富裕的发达国家不愿意做出承诺，对于发展中国家的中国来说，就更难去遵守一系列国际规定。第 21 届联合国气候变化大会能圆满成功的关键就是中、美、欧三方

---

　　① 事实上，从哥本哈根会议到《巴黎协定》，从《中美气候变化联合声明》《中法气候变化联合声明》到"十二五""十三五""十四五"规划中的低碳目标，从"科学发展观"到"两山理论""新发展理念""人类命运共同体思想"，中国在不断推动和创新绿色发展和生态文明建设领域的理论与实践。——译者注

　　② 共同但有区别责任原则（CBDR）：指由于地球生态系统整体性和在导致全球环境退化过程中发达国家和发展中国家的不同作用，各国对保护全球环境应负共同但有区别的责任。

结成联盟,这一点当时所有与会国都心知肚明。但美国现在宣布退出,那么欧洲就应该接棒美国,去维持与中国的合作伙伴关系。

好消息是 2019 年末欧盟委员会已经把应对气候变暖作为首要任务。欧盟委员会主席冯·德莱恩(Ursula von der Leyen)女士提议建立一个《欧洲绿色协议》,这个提议随后也被欧洲理事会采纳。这份协议由欧盟委员会执行副主席进行协调,以落实有关对抗气候变暖的政策管理。这位能干的副主席同时也负责农业、交通、公共卫生与能源的相关事务。《欧洲绿色协议》还包含欧盟各成员国关于在 2050 年实现"碳中和"目标的承诺,并将《欧洲气候法》中规定的 2030 年的减排中期目标纳入其中。该协议覆盖了所有领域。欧盟委员会还计划将欧洲投资银行转变为一个"欧洲气候银行"①,在未来 10 年内为应对气候问题投资 1 万亿欧元,为了促进"公正过渡",欧盟委员会还将创立 1000 亿欧元的专门基金。与此同时,欧盟委员会计划建立欧盟的碳边境调节机制,以避免欧盟内部的碳排放定价使一些不那么"高尚"的

---

① 2019 年底,欧洲投资银行决定 2021 年后将不再为任何化石燃料项目进行投资。这个全球最大的国际公共银行的决定意义重大,但是对于从现在起到 2021 年的天然气处理还比较模糊。

国家从中受益，从而损害到欧盟自身的利益。另外，在一份折中案文中也出现了绿色投资的概念①。欧洲中央银行预计采取针对性措施来鼓励节约能源、投资新能源与能源节约，同时打击化石能源的使用。此外，新冠肺炎疫情后的经济复兴计划中的种种措施也巩固了《欧洲绿色协议》。

这份旨在实现经济增长与碳排放脱钩的"绿色协议"充满雄心并贯穿各个领域，它绝不仅是新一届欧盟委员会的一份多年期计划。这份协议着眼于将大量的投资需求、低利率与应对气候变化加以结合，或许这份协议可以成为欧洲社会的蓝图。2019 年底，欧盟委员会主席冯·德莱恩女士曾在《世界报》上一展自己的雄心："欧盟委员会的这份《欧洲绿色协议》是欧洲兼容并蓄的经济增长新政策。在降低碳排放的基础上创造就业岗位、提高生活质量，并且能够惠及所有人。从交通到税收、从食品到农业、从工业到基建，我们的政策都将围绕环境这个主线开展。我们的目标是在清洁能源方面加大投资、扩大碳排放交易系统、加强循环经济、保护欧洲地

----

① 考虑到各成员国在核问题上的差异与敏感度，有关核能的投资决定将推迟两年颁布，有关天然气是否接受经济援助、在什么情况下接受经济援助的问题也将推迟决定。

区生物多样性，等等，《欧洲绿色协议》将是一份取之于欧洲、用之于欧洲的协议，也将是为建设更好的世界添砖加瓦的一份协议。"

建设这个"更好的世界"，尤其需要欧洲在关键领域出力，并在环境领域建立国际同盟。同时，欧盟还要与目前作为世界第二大经济体，未来有可能成为第一大经济体的中国建立合作关系。可以看到，欧盟委员会雄心勃勃。简言之，欧盟不仅要延续 20 世纪欧洲建设的步伐，同时也要顺应 21 世纪的新环境。在 20 世纪 50 年代，彼时，"第一个欧洲"选择和平分享煤炭、钢和铁，这三样是战时制造军事武器的必需原料。在如今可持续发展的社会背景下，尤其是在新冠疫情这场全球"海啸"后，"第二个欧洲"，即现在与未来的欧洲则应该给每一位欧洲公民分享新的和平工具——去碳化能源。

另外，中欧之间的共同战略有助于取得一些决定性的突破，特别是在碳定价方面。我曾强调碳定价（或者是定下一个价格通道）好处颇多，因为它可以在利用市场机制来促进碳经济发展的同时，对碳排放进行处罚，从而促进社会低碳化转型。但是碳定价面临的困难层出不穷，这些困难有些是技术层面的，有些是更为普遍的。首先，由于各国发展情况不均衡，所以很难实现碳价在全世界范围内的完全统一。另外，国家加征碳税的决定需要得到人民的完全认可，但是经验告诉我们其实民众很难接受碳税。还需一提的是，二氧化碳并不是唯一能够导致气候变暖，且需要加以治理的气体。举个例子，甲烷①也是一种温室气体，即使相较于一般会在大气层停留 100 多年的二氧化碳，甲烷的留存时间只有十几年，但甲烷所造成的变暖效应要比二氧化碳严重 28 倍。最后，很显然，鉴于碳交易市场是由公共权力建立起来的，这会是一种非常特殊的市场形式。

为了克服上述困难，也为了创造全球驱动力，此时中国与欧盟之间若可以协同工作，甚至达成协议，那么中欧合作将会发挥积极且重大的作用。首先我们要在欧盟内部确定统一碳价，或者至少设立一个碳价天花板，然后再与中国确定一个碳定价或是一个共同的碳价格通道。就像欧盟副主席弗兰斯·蒂默曼斯（Frans Timmermans）曾经提议过的，我们可以通过完善政策来建立一个边境机制，以均衡国际竞争条件。决定与欧盟一同实施碳定价的国家将会是欧盟的盟友，而其他国家

---

① 近年来的研究显示，截至目前，与人类活动相关的甲烷气体排放量（例如天然气、煤炭与石油的开采）被低估了，并且还有 30% 的甲烷排放来源于畜牧养殖，8% 来源于水稻种植。

则需缴税。第 50 届德法经济金融理事会上很多专家也都提到了上述这点。中国与欧盟若能采取相同的政策并加以实施，这不仅会给双方带来强大的驱动力，也会在世界其他国家和地区起到推动效果。

2021 年，中国将举办以生物多样性为主题的第 15 次缔约方大会，同年英国也将举办第 26 届联合国气候变化大会。无论中欧之间的局势多么紧张，一同筹备接下来的各类环境会议都是完全符合双方利益的。面对气候挑战，中国与欧盟将需要各自承担责任，也将共同承担起责任。2021 年将是决定性的一年。

10

《世界环境公约》

全球化或许昭示着一个人类公法的诞生，我们该如何，尤其该以何种形式让这份公法问世？

——米海伊尔·戴尔玛斯-马蒂

法兰西公学院荣誉教授

当我会见我的同行们，也就是其他国家宪法法院或者最高法院的主席们时，我通常会问他们这样一个问题：在接下来的 10 年里，您觉得贵国法院将会把更多精力投放在哪些新领域的审理和发声当中呢？由于各国司法系统存在差异，他们的回答也不尽相同，但是在他们回答中提到的那两三个领域中，环境被提到的次数最多。这也不足为奇，毕竟在我们的社会和生活中，环境这个话题变得越来越重要了。

2019 年 12 月 20 日，在非政府环保组织 Urgenda 与荷兰公民一起向荷兰最高法院起诉荷兰政府后，最高法院判决荷兰政府应承担"气候治理不力"的法律责任，并责令荷兰政府加大努力，到 2020 年底应在 1990 年温室气体排放量的水平上减少至少 25%。2020 年 7 月 10 日，法国最高行政法院命令法国政府采取措施降低空气污染，并处以每 6 个月 100 亿欧元的逾期罚款。对于那些经济繁荣、尊重法律的国家来说，它们的最高法院往往会要求政府去修改环境方面的政策，因为这些政策举足轻重。

其实，环境方面的纷争在欧盟内部甚至在世界范围内都层出不穷。我在和法学家们谈论这个话题时，他们指出那些适用于解决环境纷争的规章制度一直在变化，且这些规章制度往往不够确切，需要得到进一步细化和统一，尤其考虑到环境现象在空间维度（对其他国家）和时间维度（对后代）造成的影响。《世界环境公约》就与此诉求不谋而合，它是多种因素一起作用所产生的结晶。

首先，鉴于环境已经普遍恶化，于是继民事、政治、经济与社会方面的法律出台后，现在的需求是制定出新一代具有普适性的环境法。面对气候失调、生物多样性退化、各类污染以及各种危害环境的行为，我们需要全副武装，将科技、经济、政治以及法律作为武器来应对环境问题。《巴黎协定》的成功签署证明了我们是能够在环境领域取得进步的，它同时也证明了强制性法律提案的必要性。毕竟再完备的协定，如果无人遵守又有什么意义呢？因此，法律与司法体制在监管协定执行方面的重要性就不言而喻了。理想情况下，《世界环境公约》应该具备法律约束力，但一些国家对此持保留意见。退一万步讲，在缺少一个世界性的环保组织的情况下，一份能够明确个人、企业与国家在环境方面权利和义务，并具有普适性的国际文件是不可或缺的。

近几十年来，许多专家尤其是国家自然保护联盟为环境法的建立做出了努力，他们所做的工作非常出色。但直到目前为止，由于缺乏足够的政治支持，他们的工作还未取得具体的成果。但要达成一份国际性协定的基本条件就是各国政府的支持。为了推进环境法的建立，2018年6月，在法国法学家俱乐部的帮助下，我代表国际上最知名的法律专家，向马克龙总统递交了《世界环境公约》的草案。随后这份草案由马克龙总统呈报给了联合国。

这份《世界环境公约》的特别之处在于它的全面性。由于各领域是相互渗透的，为了使针对环境的各项措施

更加有效，就要做到三个全面：空间全面、时间全面、
应用全面。有关环境的国际协定其实已经有数百个了，
但这些协定都是只针对某个特定领域，所以只能在它涉
及的范围内实现对于环境的保护。而《世界环境公约》
是跨领域性质的公约，并且旨在适用于所有国家，所以
它并不局限于气候领域，而是覆盖多个领域。这种跨领
域性非常关键，我们越是了解一些环境现象和它们带来
的后果，便越能感受到它们之间是相互联系的。比如我
们不能将气候与生物多样性割裂开来看，因为这两个概
念之间存在着非常紧密的联系。这一点尤其体现在严重
且惊人的塑料污染上：人类每年会向大自然中倾倒 4000
万吨塑料垃圾，而这些塑料垃圾会严重破坏生物多样性，
特别是海洋中的动植物多样性。夏威夷大学的一项研究
显示，塑料在分解过程中会释放温室气体，这也会对气
候产生负面影响。如果政策不能得到大幅度调整，这些
塑料垃圾总量会在未来 20 年间增加两倍，但若能采取
另一个不同的、更加全面的方法加以限制，那么塑料垃
圾的总量将会降低 80%。我们要从降低一次性塑料制品
的生产入手，因为从源头加以遏制塑料垃圾的产生至关
重要。我们要通过跨领域的方法来治理环境，而不是采
用"孤岛式"的思考去采取行动或是予以治理。这就是

《世界环境公约》的宗旨。

《世界环境公约》中的纲领内容所包含的方针首次实现了让环境相关问题有法可依。在公约签署后，各签约国应将环境问题纳入本国法律体系内，使诉诸法律的途径更为有效，不过每个国家的法律条款也无须完全统一。各国需在国内法规中确保这些诉诸法律的途径的有效性，尤其要确保每个人都能负担起诉讼费用。

除了预防性原则与污染者自付原则，这个计划另一个值得关注的点，便是各国都应实行"不可退步"原则。这个原则的含义是，若一个国家对环境相关法律进行了更改，那么更改后的法律条款必须保证环保水平只进不退。简言之，各国不应制定从整体上来看是退步的法律，这个原则的目的在于让各国采取真正环保的立法方案，并随着时间的推移加强相关法律的约束性。

这份公约草案还反映了当代法律的另一个重要进步：除了保障公众继续教育权、知情权与参与权之外，《世界环境公约》明文规定了在环保进程中非国家行为者的重要地位。《世界环境公约》强调了"妇女在可持续发展方面发挥的至关重要的作用"，同样也强调了民间社会、经济主体、城市、地区以及其国内各级政府的重要性。如果说国家在环境问题上扮演着立法的重要角色，那么企业和地方政府的重要性也不容小觑,后者在交通、垃圾处理与城市规划方面发挥着重要作用。同时,非政府组织、年轻人与工会的作用也不容忽视。当争端出现,需要对簿公堂时,重要的是将对上述这些参与者的认可落实到法律中,这也是《世界环境公约》中规定的。

一份实质性的国际宣言已经是一种进步,国际条约的签署则更进一步,而《世界环境公约》则是一大突破,因为它可以成为一个真正具有法律效力的工具。全世界的法院审理环境相关的案件越来越多了,但可适用的条款却不甚清晰,也不具备足够的前瞻性。诚然,这需要各国在国家层面进行细节完善,但是大方针仍应保持统一。法国在 2004 年通过的《环境宪章》已经可以直接运用到法律中,宪法法院也将其裁决为"合宪性整体"的一部分,并决定将环境保护,也就是《宪章》中提出的"环境是人类共同的财富",变成一个具有宪法价值的目标。

鉴于世界各地有关环境的纷争与日俱增,我相信环境领域的司法权还有很大的进步空间。那么这份经过复查、修改和充实的《世界环境公约》何时才能被采纳并开始生效呢?从现在开始,国际外交就需要发挥作用了。自 2018 年《世界环境公约》草案被呈送到联合国后,这份文件就一直进展缓慢，可见要想取得进展谈何容易。毕竟那些"梦游"国家或对《世界环境公约》持强烈敌对态度的国家总是不遗余力地玩弄着民族主义和保守主义的手段。如果各国在外交方面能加大努力，那么 2021 年将在内罗毕举行的联合国大会以及 2022 年的《斯德哥尔摩宣言》（1972 年）50 周年庆典将成为取得进展的好时机。

目前，《世界环境公约》除了在法律层面站得住脚，也得到了经济层面上越来越多的支持。从前，多重条件的共同作用使得国际贸易能够实现一定程度的自动调节（尤其通过高昂的运输成本和国际贸易的部分全球化）。现在，广泛的全球化和集装箱大量使用而导致的运输成本急剧下降，改变了这一局面，破坏环境和生态倾销在全世界司空见惯。根据法国气候行动高级理事会的第一份报告[①]估测，如果说法国国内生产活动所产生的二氧化碳排放量还勉强可以接受的话，那么法国因进口而排放的二氧化碳量足以招致严厉的批评[②]。但是对于这些

[①] 2019 年 6 月，法国气候行动高级理事会发布报告《协同行动，壮志雄心》。

[②] 根据法国碳足迹数据，若只以国内人均碳排放来看，法国基本在世界平均水平（因为法国国内主要用核能发电），但若加上因进口引起的碳排放，法国则超出世界平均水平 70%。

由进口引起的大量碳排放却几乎没有任何措施予以监管。通过促使国际竞争条件平等化，《世界环境公约》在经济方面也将发挥作用。

目前国际贸易与二氧化碳排放之间存在何种联系的问题愈发尖锐。在欧盟与加拿大签订《综合型经济贸易协议》（CETA）以及与南方共同市场（MERCOSUR）达成贸易协定时，这个问题引起了激烈的讨论。自新冠疫情以来，许多有关全球化的讨论中又再次提到了这个问题。虽然进口商品的温室气体含量的测定十分复杂，但确实越来越有必要去关注国际贸易引起的二氧化碳排放，而不仅仅是将眼光局限于国内生产活动所产生的温室气体。我们一直在进行探索，希望能够出台一份有关禁止生态倾销以及寻求国际竞争条件平等化的规定，或是编纂国际性法律来明确《世界环境公约》中提到的权利与义务，在这样的大背景下，《世界环境公约》与我们所探求的目标不谋而合。

我们有许多对策来应对气候变暖，长久以来在这方面被束之高阁的法律就是其中之一，刑法、行政法、民法、一般法，等等，现在有越来越多的法官专攻环境领域，各类法律便能发挥作用了。这里，我想引用维克多·雨果的一句话："权利与法律是两股力量，当它们相统一时，就会催生秩序；当它们相对立时，就会带来灾难。"

最后一个例子，2020 年 2 月 27 日，英国上诉法院否决了希斯罗机场扩建第三条跑道的要求，这一重大的决定有两层意义。这是首次依据《巴黎协定》的明文规定而做出的法律裁决，判决指出《巴黎协定》已经由政府批准且由议会认可，所以英国政府在筹备"国家机场方案"时应当考虑到该协定的相关要求，并应对《巴黎协定》的考虑予以说明，但是英国政府并未履行。即使扩建计划很有价值，但上诉法院仍予以驳回。此举从司法角度认可了《巴黎协定》的价值，也是一次重要的判例创举。出于安全性及法律前瞻性的考虑，这个创举进一步明确了环境方面可以实行的法规以及使其在最大限度上适用于全世界的重要意义。这也是《世界环境公约》的意义所在。这份公约看似也确实充满雄心；不过由于一些国家消极怠工，通过这份公约的过程可能会相当棘手，尽管事实的确如此，但这份公约对于适应新世界，或是塑造新世界来说都是极为重要的。

11

从月亮回到地球

志在治污，而非致污。

——青年气候活动家们的口号

经常有人问我，面对气候变化，我是个乐观主义者还是悲观主义者。因为无法忽视我们还需要付出大量努力的事实，我会回答："我们别无选择，我是一个意志主义者。"为了让大家更容易理解我的意思，我常拿第一个登上月球的宇航员举例。

实际上，现在与半世纪前的对比给予我巨大冲击。1962年，为了实现将人类送上月球这一伟大创举，时任美国总统约翰·肯尼迪（J. F. Kennedy）决定开启登月计划，在他做出政治决定后，美国仅仅用了7年时间便完成了这次探索。1969年，阿波罗11号成功将人类送上月球。反观今日，尽管时间在不断流逝，但每每涉及保护地球的气候，全世界都止步不前；从某些角度来说，甚至在后退。换言之，50 年前，虽然在另一个星球上留下足迹并不是非做不可之事，但一个国家仍愿意使出浑身解数来实现这个目标；50 年后的今天，国际社会甚至都无法保证脚下这个庇护着我们的星球能否始终宜居。

如何解释这个近乎荒谬的现状？我们又能从中吸取什么经验教训？

有人会说，比起现在我们面临的挑战，肯尼迪总统的目标更明晰，也更容易实现。毕竟"登月"的口号听起来就要比"2100 年前温升不能超过 2 摄氏度，甚至 1.5 摄氏度"更轻松。但我认为问题不在于此，往日的"登月挑战"和今日的"气候挑战"本身就有着很大区别。前者仅需要一位决策者，也就是当时的美国总统，后者则需要多个国家和无数群体、企业与个人的切实行动才能得以实现。另一个区别在于，20 世纪 60—70 年代的登月挑战不需要全世界共同做出承诺，但 2020—2030 年的挑战却需要每个国家都出一份力进行减排，因为每个国家都会排放温室气体。还有一个重要区别在于，阿波罗任务的成功不会改变民众的生活方式，但是"生态转型"却会带来明显改变，其中也包括美国人的生活方式。最后一个区别，也是最本质的区别在于，肯尼迪总统的决定不会威胁到巨大的经济和金融利益，但《巴黎协定》的实施却利害攸关。对比不是目的，但是我们可以从对比中吸取经验来帮我们"从月亮回到地球"。

我们不能像 1962 年那样来应对这个气候挑战，因为肯尼迪总统曾说过："应战是艰难的，因为这需要我们首先去衡量挑战，然后动用我们所有的力量和能力来应对它。"这一次，我们需要做的是应对气候变暖，气候问题已经向我们的生活发起挑战，每个人都牵涉其中，每个人都需要有所作为。

通过分析美国总统特朗普的行为，我在前文中已经提起过一些政府机构仍畏葸不前或充满敌意，但它们其实起着决定性作用。很多企业领导都明白现在亟须做出改变，他们动员企业员工利用他们自身的专业技能在专攻领域做出努力，这一点值得赞扬。但我们也不要太过理想化，因为还有一些企业，尤其是那些公立或私营的能源企业还是会继续畏葸不前或充满敌意。改变确实举步维艰，不难想象，如果一家公司的业务是围绕煤炭、石油和天然气展开的，并且赚得盆满钵满，现在却需要大幅减少甚至不再使用化石能源，那么此时就会出现"经济模式"的问题。

长久以来，这些公司领导知道自己应该去适应现状，但他们却毫无作为，这样的态度应该受到谴责。甚至有时候，他们还会不择手段地歪曲事实或阻碍科学事实的传播。烟草工业巨头们的做法就与上述行径如出一辙。他们通常对事实心知肚明，但却不愿意有所行动。他们中的一些人做出了改变，这值得赞扬。但有一些人只是换了一套说辞，实则还在继续着往日的行径。还有一些人则是二者兼而有之，比如他们会严格限制煤炭的使用，稍微放宽对石油的使用，且将天然气吹得天花乱坠，虽然天然气的碳排放量确实稍低一些。他们会对新能源进行小额投资，并径自高估未来科技进步的速度和广度。他们假意赞同《巴黎协定》设定的目标，私下却认为这些目标不过是天方夜谭。一旦牵扯到自家企业，他们便声称"经济的需求与时限不可被压缩"。总而言之，他们在理论上同意必须要采取行动，但却又以"理智"和"现实主义"的名义抨击那些敦促他们改变做法的人，认为他们是"理想主义"（当然还会说他们是"异端派""不负责任"甚至"危险分子"）。但气候变暖确实牵涉到了巨大的利益，如果遗忘了这一点，那便是天真至极。

　　在意识到这些问题和它们的中心作用后，我们会自然而然地更广泛地思考目前的发展模式。这也是非常合理的。于是在 2015 年，我们在联合国签署了有关气候和可持续发展目标的《巴黎协定》①。现在，在新冠疫情下，"转变模式"、绿色新政与《欧洲绿色协议》也越来越成为经济、社会与政治领域的话题。

2019 年 9 月，联合国贸易和发展会议（UNCTAD）发布了一份报告，提出了"世界生态新格局"理念，这份报告是相关领域目前最全面的报告之一。报告指出，生态新格局可以让发达国家的国内生产总值每年增加 1%—1.5%，许多发展中国家年增速将增加 1.5%—2%。这个新格局同时会净创造 1.7 亿个新岗位，同时也需要我们大幅增加生态方面的投资。这种重新定位不仅对于南方国家的"绿色工业化"大有裨益，并且能实现从现在到 2030 年碳排放量的整体降低。报告还指出，为了完成经济"去碳化"，交通、能源和食品领域大量的公共额外投资必不可少。同时，为了达成这些目标，联合国贸易和发展会议还提出了一个充满雄心且意味着根本性变革的建议：深化改革金融、货币与国际贸易系统。

美国未来学家杰里米·里夫金在他最近一部作品中预言到，一方面，因为不再使用化石能源，在接下来的

---

① 可持续发展目标（SDG）共有 17 条，目标是拥有更美好且可持续的未来，目标将于 2030 年到期。

10年间，我们会看到"碳泡沫"的破裂；另一方面，如果我们用智慧的方式来引导生态转型（20年内实现电力100%清洁可再生），那么我们将迎来基于可再生能源的又一次工业革命。杰里米偏好进行综合分析，他认为，19世纪的第一次工业革命是电报、煤炭和铁路的革命，围绕着民族国家展开；20世纪的工业革命以电、石油与电话为基础，以联合国和世贸组织那样的国际组织为标志。他认为，我们现在进入了一个新时期，这个时期区域层面将是最重要的，届时，企业将不再通过提高货物产量或者增加服务的方式来谋求利润，而要从节能入手。我们的经济模式将转变为一个以节约能源为主的模式。他在书中写道："这个全球化的新世界既实现了网络完全交织互联，同时也将是一个以社区和房屋为电力生产单位的世界。国家的角色将会因此发生深刻改变。"

对杰里米的上述分析进行深思是很有趣的。但当关乎行动计划时，尤其是关于2020年美国总统大选、《欧洲绿色协议》的评估或是欧盟委员会提出的新冠疫情后复兴提议，当我们从宏伟的蓝图或是学说上的争执中抽身，真正要切实施行一定措施时，我们就需要进行更加细致的分析了。现在美国民主党人发布了许多不同版本的"绿色新政"，"绿色新政"的名字实际上是以20世纪

30 年代美国施行的罗斯福新政作为参照。这个政策颁布的目的不仅是为了让美国脱离化石能源，成为可再生能源领域的领头羊，也是为了创造数以百万的就业岗位。其中最激进的一个版本认为，对于那些被动员起来投入退耕还林活动中的几百万人民来说，联邦政府归根结底扮演着雇主的角色。民主党代表亚历山大·奥卡西奥-科特兹（Alexandria Ocasio-Cortez）甚至提出联邦应为那些受到能源转型影响的劳动者们提供就业保障。我们应该大量投资绿色能源、清洁交通、可持续农业，同时取消对化石燃料的补贴，从而人工地给化石燃料降价。现在最受争议的部分在于对这些计划的资金支持，同时对遗产和高收入人群征税的呼声也越来越高。

基于这个激进的版本，不同作者撰写或提出了各种草案，但这些草案的目的和方法是统一的：发展清洁能源，降低甚至取消化石能源的使用；加大投资来创造新的工作岗位，并确保受到变革影响的产业完成转型；改进税收制度、预算方案与筹资渠道来实现目标；发展教育与培训以便更好地应对这些变革。草案指出，这样的变革不应只关系到各国家和地区的内部活动，也应关系到国际交流的方式与内容。所以这会是一场真正的变革。"绿色新政"也启发了民主党候选人乔·拜登（Joe Biden），他承诺若在 2020 年 11 月当选，他将拨款 7000 亿美元用于疫情结束后的美国生产力重振工作，并表示低碳经济将是他的首要目标。

正如当时《欧洲绿色协定》、欧盟复兴计划以及环境相关话题的增加在欧洲引起了广泛讨论一样，作为世界第一强国的美国内部发生的争论也见证了一个重大变化。交通出行、城市化、生产与消费的模式也随着人们的忧虑而发生改变。在瑞典，疫情发生前，*flygskam*（坐飞机羞耻）运动减少了航空运输量，与此同时，*köpskam*（购物羞耻）运动也在年轻群体中进行着。现在在一些行业中，比如纺织业中二氧化碳的大量排放也越来越受到大家的关注与批判。除了价格竞争力之外，环境竞争力、风险竞争力以及整体竞争力也越来越常被提及。新型经济、新型社会甚至"新世界"与"未来世界"成为社会与政治辩论的重点话题，在这些新经济、新社会、新世界中，环境问题将不再被边缘化，也不再与发展相冲突，反而会成为发展的核心。当今的世界，金融资本雄厚，经济与社会不平衡显著，自然环境饱受威胁，促使着人们进行相关讨论。毋庸置疑，这场争论将逐渐蔓延到全世界。

另一个争论的主题是变革中国家的角色。即将到来

的改变如此之多、如此激烈又如此多样，以至于提出倡
议、独立自主以及扎根地方这三点具有决定性意义。同
时，不论是从国家层面，还是从国际层面，变革已经如
此深入，以至于可能无法巩固国家的角色。我们不能只
是榨取"自然资本"，更要去保护、维护这份财富，让它
增值并得到发展。我们的经济会越来越有"循环性"，这
需要我们改变生产消费模式，改变城市、交通、农业、
饮食以及我们的许多行为，随着税收与社会制度的改进，
一定会需要集体去制定新的规章与惩罚制度。这一系列
地方的或是全球的、国家性的或非国家性的、自由的或
管制的手段，对于控制日益严重的环境现象是极为必要的。

　　正如我在前文提及过的哲学家布鲁诺·拉图尔
（Bruno Latour）的另一句名言所说："当我们签订《巴黎
协定》时，我们认为这只是一个外交问题，而不是一场
文明的悲剧。"在他和其他分析学家看来，整体经济放松
管制、不平等现象增多所带来的社会冲突与对全球变暖
的否定，这三者之间的关系定义了目前的世界局势。沿
着气候失调这条主线，我们可以有更广泛的思考。全世
界动员起来应对气候问题，这也是在思考我们生命的意
义的一种方式。应对气候问题，全世界的普遍动员也是
对我们生命的意义的发问。

12

跋：大悖论

何为伟大的人生？难道青年的思想只能被中年否定？青年着眼未来，目光炯炯，眼神坚毅，心中宏图待展，为未来打下基础；我们在有生之年能够做的，就是不断接近我们的初心。

——阿尔弗德雷·德·维尼《散-马尔斯》

当一位政客开始为下一代人考虑而不是为下一次大选考虑时，他便成为一位政治家。

——温斯顿·丘吉尔

2020 年在澳大利亚森林大火的火光中迎来了开端，并在一片充斥着对疫情的担忧、经济衰退以及社会动荡的黑暗中走向尾声。

1 月，澳大利亚严重的森林大火成为世界新闻最热门的话题。大火迫使数十万惊慌失措又无能为力的居民撤到海滩上避难。①媒体给这场堪比世界末日的灾难起了这样一个名字：猛兽。而这头猛兽与人类活动引起的气候变暖紧密相关。

2020年下半年，由新冠病毒大流行引发的经济和社会灾难席卷全球，这次疫情成为自二战以来最严重的一场危机。这场健康"海啸"和气候"海啸"虽不尽相同，却有相似之处，且相互影响。

目前人们还在广泛讨论新冠疫情的源头，但确认病毒的发源地至今仍是一个难题。这一直径只有发丝千分之一的病毒有可能是通过蝙蝠和穿山甲传染给人类②，并在2019年末到2020年初短短几个月内席卷了五大洲，给几乎所有地区都带来了不同程度的严重后果。在新冠到来之前的几个世纪里，人类也曾经历过其他致死性传染病。但那个年代的全球化规模小，各国之间的交流也远远不如今天这般活跃。如今，动物与人类栖息地的重叠成为这场疫情的导火索，同时，这场疫情也与森林砍伐、城市化、工业化畜牧养殖业的发展以及动物贩

---

① 这场森林大火产生了大量的二氧化碳，使我们陷入了一个真正的恶性循环：气候变暖使得森林火灾频发，随着火势变大，产生了更多温室气体，而温室气体又进一步加剧全球变暖现象……

② 新冠病毒发源地及传播宿主尚无定论，各国科学家仍在研究、溯源，因此本段中提出的一些看法还有待进一步考证。——译者注

卖息息相关。毕竟病毒不能自行传播，所以总的来说，
这次疫情的暴发主要有两个原因：一方面，病毒出现并
由动物传染给人类；另一方面，当今世界人们的出行具
有频繁、高效、普遍的特点。如果用一个合适的词来总
结，新冠病毒实际上是一群"国际偷渡者"。

诚然，新冠疫情来势汹汹，在短短几周内便席卷全
球，迫使大部分国家采取应对措施。然而，真正的大规
模杀伤性武器其实是气候失调这一根本变化，其灾难后
果需要更长时间才能显现出来。气候变化会给大自然带
来极大的伤害，不仅是人类，其他生物也同样会受到影
响。这一影响需以数十年为单位来衡量，甚至会威胁地
球上的生命。然而，在必须积极行动应对气候变化的情
况下，各国却并没有积极响应。全球变暖出现于 19 世纪
末，由于工业化发展和大量化石燃料的使用，这个现象
在 20 世纪进一步恶化，但它并没有停下步伐。21 世纪
初期，全球变暖愈演愈烈。如果气候变化一直持续下去，
我们赖以生存的地球——数以亿计的女人、男人、孩童
和其他生物的家园将不再宜居。这绝不是一次简单的危
机，而是一次翻天覆地的变化。从中长期来看，气候变
化的后果会比目前新冠疫情的影响更令人生畏。单从公
共卫生领域来看，相比于新冠肺炎疫情，气候变化对我

们影响更深。另外，伴随着气候失调出现的森林砍伐现象、全球变暖造成的大规模人口流动以及气候变化带来的病毒和细菌，都增加了传染病和大流行病发生的风险。

如此看来，我如何能不为这种巨大矛盾的存在而感到震惊？新冠肺炎危机在短短几周之内便促使几乎所有的国家政府采取空前的应对措施，这些措施涵盖公共健康、社会、经济、财政以及居民出行等多个方面，并得到了大众的认可。然而，如果我们从人员伤亡、经济、社会、环境损失等方面做比较的话，气候变化所造成的后果会更严重。但面对这一根本没有"疫苗"可以防治的"红碳"威胁，无论是地方、国家抑或是国际上至今都未采取足够的措施予以应对。同时，一些正当合理的应对气候变化的措施甚至引起了相关民众的敌对情绪。因此，我们必须要认清这一巨大矛盾，或称之为一场"大悖论"，并继而克服它。为此，我们应明确指出国际社会、国家政府、民间社会亟须落实的重大转型策略以及转型过程中最大的阻力来源。

那么阻力来自何处？面对这两大揭露人类脆弱性的全球危机，两大理应促使世界采取行动的灾难，民族主义者却通过激烈行动对我们进行不断打击。在新冠疫情暴发初期，防疫战略不够协调且时常不够可靠，这时民族主义便显露踪迹。面对此次健康危机，各国卫生体系纷纷响应，但在民族主义等多重因素的影响之下，各国卫生体系却只能发挥出其最低限度的响应能力。在这种情形下，我们更应该去打击民族主义。再说到气候变暖问题。这一同样不分国界的危机需要所有国家同心协力共同应对，但是，任何国家可能都会抱有这样的想法：即使我不再为应对气候变暖出力，也能坐享其成，直接享受他国的努力成果。抱有这种想法的国家领导人试图让自己的国家"搭便车"，也就是不付出努力，但同时从他人的行动中获益。无论是否宣之于口，在气候领域，民族主义便是期望能够摆脱全球共同签署的《巴黎协定》的束缚。

　　总的来说，民族主义也伴随着短期主义。各国面对新冠疫情的准备措施良莠不齐，例如在口罩配备、核酸检测设备、重症监护室床位、医护人员队伍部署等方面均有体现。这种对疫情严重程度预见能力不平衡造成的后果十分严重。短期主义这种鼠目寸光的思想也体现在气候方面。实际上，应对气候变化往往需要立即投入精力和财力，但这些投入却只有在遥远的将来才能看到回报。不论是对于个人、企业，还是国家来说都是如此。但是我们所处的这个时代却推崇急功近利和博人眼球。

而这种深深扎根的时代特征构成了短期主义的另一种形式，这种目光短浅的思想也在媒体政治和日益壮大的社交网络影响下不断加深。这里我提到的短期主义或目光短浅有时甚至可以被称作盲目，但倘如我们保持盲目，又如何肩负起对后代的责任？在此情况下，即便我相信这些政治领导人们拥有良好的预见能力、决策能力以及耐力，我也必须承认，面对气候变化没有几个国家领导人能真正做到在其位而谋其政。

面对民族主义和短期主义这两个强敌，仅仅拥有诚意和长远目标还远远不够。对所采取的行动抱有怀疑或者直接选择无动于衷则影响更甚。全球生态危机的特殊性始终存在，而捍卫巨大经济和财政利益的行动却没有奇迹般停止。尤其是，比起全球变暖产生的广泛而普遍的后果，公众舆论更惧怕新冠肺炎带来的生命威胁。为了取得进展，各个领域、各个层面、每个个体和全社会必须一同行动，制定一个能够最大程度联合更多国家、决策清晰、成果明确的战略规划。但政治领导人们必须首先做出表率，因为他们不正是我们口中的"负责人"吗？要肩负起责任，难道不应该由他们率先给予回应吗？

关于如何应对气候问题，自 2015 年起，《巴黎协定》已然给出了答案。我们的目标十分明确：从现在起到

2100 年，全球气温上升不超过 1.5 摄氏度；21 世纪中叶前实现碳中和；发达国家为发展中国家提供技术和资金支持；所有国家为限制二氧化碳排放做出承诺，减排目标按要求定期上调；最终完成温室气体净零排放经济结构转型。所有国家均已签署该协定，接下来就应付诸行动。这里我想重提本书开篇引用过的戴高乐的名言，我们缺乏的，正是一种"精神面貌"。

在许多重要政治领导人身上，我们看不到为应对气候变暖所需的精神面貌。其中不仅包括美国总统特朗普（Trump）、巴西总统博索纳罗（Bolsonaro）以及澳大利亚总理莫里森（Morrison），还有相当一部分国家元首，即使反复无常、装腔作势的美国总统也难掩他们缺乏决心、只将目光聚焦于大选的事实。同时，一些经济金融集团领导人也不具备这一精神面貌。并不是说他们没有及时对气候变化表达"个人关切"，而是当他们在决定投资或撤资的金额、时间以及去向时，往往缺少这一精神面貌。此外，不少公民也缺乏这样的精神面貌，他们虽然愿意做出行动，但却不知道具体该如何行动。尤其是那些眼下生活在困境中的公民，倘若没有得到良好的宣传和帮助，他们就无法采取有效行动，更无法考虑到长期损失。

无论是国家还是国际层面都表现出了向好的决心。

随着时间推移和威胁升级，一部分国家和地区展现出了
更坚定的意志，我们应为此感到庆幸。但表现出这一积
极意愿的参与者并不多，并且他们的意愿不够强烈，行
动不够协调、不够迅速。这也是为何我在此前的章节中
引用了诸多例证来说明采用以下三个应对手段的必要
性，也就是义务、激励和评估。

义务，不管是行动的义务还是抽身而退的义务，在
定义上都具有强制性，所以它鲜受赞誉。总的来说，义
务体现出的是一种公权力，比如税收就是地方和国家执
行公权力的常用手段。同样，在某些情况下禁止塑料制
品和杀虫剂的使用也是公权力的体现。但这些"义务"
绝不仅限于公共领域，私人投资机构也可自主选择停止
投资煤炭行业转而优先投资可再生能源产业。若宪法条
款规定，为保护环境，企业必须采取某种做法，法院（"义
务"的另一种表现形式）也可在不同情形下裁定企业的
自由经营权利是否受到了侵犯。

激励，无论是否采用这一手段，都会使应对气候变
化的行动转变成积极主动的行为，而不是一种惩罚手段，
"碳定价"正是建立在这个逻辑之上。激励机制也包括鼓
励人们骑自行车出行和居住环保节能型住宅，而不是为
航空业或汽车行业提供财政援助，除非投资资金将用于

促进"绿色航空"和清洁交通的发展。同时，该手段也能促使国与国之间进行谈判继而做出承诺。非政府组织和消费者协会为反对或鼓励某一特定做法、某一特定产品的使用所开展的运动，或是各企业、城市联合起来支持低碳、对有害环境的行为进行打击的倡议，都属于激励措施的范畴。这种激励策略是在一定条件下实施的（例如在国际贸易协定的相关规定下），随着这种策略在人群和各行业间普及，它的覆盖范围也将变得更广。

倘若不能定期、公开地评估通过义务和激励这两种手段所取得的成果，那么它们便称不上真正行之有效，然而目前实施过程中的最大缺陷便是缺少可靠的评估方式。这也正是为何一些非政府组织、国家机构与国际机构、企业、工会和协会发起的倡议具有决定性意义。这些倡议旨在对局势进行定期评估、建立成果指标并对评估结果进行公开，以便明确策略实施中存在的缺陷、取得的成果、遭遇的挫折和必须肩负的责任。

如果能在协商与对话后确认以上策略的实施办法，并通过持续的对话评估成果，那么这些策略便能取得更好的效果。同时，推进有关应对气候变化方法的教育、培训以及普及工作也必不可少。人们目前为止还没有认识到，公共当局，特别是在国家层面，在气候变化领域采取的行动与在健康领域所采取的行动同样合理。所以，为公众普及相关信息以及直接动员公众舆论至关重要。我们曾在短短几周内全面普及防疫措施，那么针对气候变化，我们是否可以推广"防气变措施"呢？

面对眼下的健康危机和气候危机，各国领导人们须解决的首要问题是施行何种类型的复兴政策。经济、社会和环境状况已经恶化到如此地步，以至于各国都在实施或应当实施大规模的复苏计划。我们是否应该暂缓应对气候挑战，优先应对新冠疫情？又或者，我们是否能够一举两得，同时应对这两大挑战？即使应对新冠疫情和气候变化的行动存在一些差异，但在其中一个领域采取协调且高效的行动，不但不会和另一个领域互相矛盾，反而相得益彰。这些措施必须也应该同时将健康、经济、社会和生态转型纳入考虑范畴，且必须特意将这些方面考虑进去，因为在这个时代，清洁能源领域的投入和许多其他领域的投资需求常常互相冲突。

2020年中，英国和法国中央银行行长在《卫报》上发表的一席话或许可以很好地总结今后要实行的复兴政策，他们说道："如果我们不立即采取行动，气候危机将成为未来的核心问题。不同于新冠疫情，任何人都不可能通过'自我隔离'而免受气候变化的影响。"他们随后补充道:"这次的健康危机也给予了我们一个千载难逢的机会来重建经济,以应对气候变化。"简单几句话便道出关键。他们认为复兴计划相关资金应重点用于能源转型,例如发展可再生能源和低能耗住宅。相比于"棕色复兴",我们更应着眼于"绿色复兴"。

复兴计划和发展模式应在中长期内满足以下几点要求。首先,在考虑国情和国家主权的前提下进行经济战略调整,欧盟已经决定着手于此。其次,着力进行一些核心产业的迁移,并尽可能完成"价值链"的具体重组,以避免健康、能源、农业、国防等重点领域过度依赖地理条件。此外,要认识到公共服务行业及其从业者的骨干作用,并就此制定可持续的解决方案。再者,面对各地区人民生活条件不平等现象,应从社会层面对相关政策进行进一步考虑,因为"受害者之间存在不平等"是公共卫生与气候灾难共同的基本特征。另外,应重视科研、教育、培训与文化方面的活动并加大相关资源投入,因为这些领域经常会沦为短期主义的牺牲品。最后,更具体来说,应投入大量资金用来促进经济发展和重建,推广低碳战略,而不是与之背道而驰。

根据以上要求,我粗略列出了一部分急需发展的领域：医疗服务、社会救助、教育、科研和培训、数字化基础设施、建筑物隔热、绿色出行、可再生能源、绿色农业、垃圾处理、城市规划、可循环经济等。无论是在公共卫生层面还是气候层面，这些领域都具有促进绿色、普惠、具有韧性且积极的重建工作的价值。

新冠疫情的到来让我们看到，一个经济体系，甚至是全球经济体系在短短几周之内陷入停滞，甚至完全停摆的可能性极大。所以，各领导人应主动采取气候干预政策，以避免在未来重蹈覆辙，甚至每况愈下。"红碳"威胁和新冠疫情是目前人类面临的两大灾难，但时至今日，比起气候变化，人们明显更惧怕这场公共健康危机。同样我们也需要改变这种想法。

谈到气候挑战，我坚信，即使如今为时已晚，但却绝不是无力回天。我必须指出，科学界针对"红碳"巨大危机所得出的一些观察结论、预测结果以及建议在今后都将是不争的事实。总的来说，尽管我们看到的转变还不够，但足以激励人心。虽然相关进程速度过慢且并不全面，但许多企业和政府都在积极调整财政政策①。以

---

① 著名的 2020 年 1 月达沃斯论坛邀请了 750 名企业领导和专家参会。参会人员对即将到来的 10 年表达了他们 5 点最大的担忧，而这些担忧都与环境息息相关。其中最首要的问题便是气候变化危机以及各位政治及企业领导人无力进行有效应对。

下便是广为人知的主要行动方法和行动领域：停止新建煤炭火力发电站；富裕国家为贫困国家提供技术和足够的资金支持；进行投资引导和碳定价（或是碳价格通道），以惩罚碳排放、发展替代能源并鼓励节约能源；全方位鼓励创新和可再生能源发展；各国制定包括具体措施的公正转型方案；通过《世界环境公约》，以明确并执行适用的法律标准以及相应的司法后果。针对"气候梦游者"，我们需要同时采取宣传、教育、激励、威慑、监管、施压等可能手段，如有必要，还须加以处罚。

各国政府和人民的承诺也决定着我们是否能取得成果。而在广大人民中，青年的承诺是强大的，也可能是最强大的希望之源。我持此观点并不是因为受到了偏执又浅薄的年轻至上热潮的影响，我也绝不会将瑞典、德国、法国等国家的青年们对环境问题的敏感度，与尼日尔和孟加拉国的青年们的相混淆，因为他们的生活条件大不相同。但面对环境问题，大部分的青年有着相同的观点，怀揣共同的理想与愿景。在我看来，他们的行动意义重大且充满希望。

理论上来说，相较于老一辈人，年轻人的寿命更长，所以他们也更有理由为10年、20年乃至50年后会发生的事情感到担忧。因此，就算对于环境问题警惕性最低的年轻人来说，可预见的气候变化危害便足以令其忧心忡忡了。第一批"未来一代"是他们。除此之外，他们还经常思考人生的意义、生命的意义、他们自身和未来后代的意义，以及，如果以后还能在这个星球上继续生存的话，这个世界存在的意义。"将他人的生命置于险境""面对深陷危险的地球袖手旁观""承担起你们的责任，不要夺走我们的未来"，这些青年气候游行中的响亮口号及横幅标语或激烈，或幽默，带着看穿一切真相的力量，将他们的思想体现得淋漓尽致。

这些通常被归结为"格蕾塔效应"①的青年气候行动不应该只得到恼人的负面评价，它们值得更好的评价。诚然，这些行动不应使用暴力。但我们也不能因为这些行动的形式存在争议，或者因为这些行动未能带来技术性的解决办法，就判定他们并不具备参与行动的资格，因为人人都有自由表达权，而且这些青年行动也体现了人们深深的质疑与担忧。最后，青年气候行动会感染他们的父母、祖父母以及整个社会。他们是在向国家、向国家领导人们呼吁，希望后者能够做出回应与承诺，采取行动，未雨绸缪，并在面对气候变化时兼备勇气与坚韧。

---

① 瑞典少女格蕾塔·桑伯格鼓励气候方面的行动。

　　青年们的行动并不仅仅是为了"反对"。绝大部分的年轻人希望看到的是一个对于他们自身和其他人来说不一样的世界、不一样的社会和未来。一个每个人都能体面生活、自我实现、与自然和谐相处的世界；一个每个人都意识到，破坏自然就是自我毁灭的世界；一个存在优先于拥有，一个更加节能、公正，更加团结而不是更加孤立的世界。这些绝不仅仅是友善的梦想家或者"少数幸运儿"注重调和但回避问题的口号，而是为了表达广大年轻人真实的意愿。他们决定将这种憧憬付诸选择：接受何种培训、从事何种行业、进入哪家企业、采用何种消费方式、乘坐哪种交通工具、选择何种住房以及生活方式，等等。新一代青年已深知"红碳"危机的严重性，他们期待一个不一样的未来并随时准备为之行动。

　　没错，"可能与不可能，一字之差却是两种精神面貌"。